张宁 著

史／嘉善砖瓦窑业
历史文化的传承

窑火凝珍

刘耿 董晓晔 主编

社会科学文献出版社
SOCIAL SCIENCES ACADEMIC PRESS (CHINA)

序一
让历史"活"起来的干窑

　　嘉善县干窑镇历史上以窑业闻名于世。干窑烧制的砖、瓦、器始于唐宋，胜于明清，方志称其为千窑之镇。物以民用为主，不若专制贡物的官窑盛名。但正是这种拥有更广泛用户群的商业模式，使干窑获得更持久的生命力。尽管时代在变换，但民间还是那个民间。拥有300余年历史的古窑今日仍然在维系它的工艺、生产，为江南的青山秀水间平添了灯火阑珊。

　　我们通常所见遗迹，是失去了活态生命力的标本，在现代修缮技术的加持下，它静静地诉说着当年栩栩如生、活灵活现的历史故事，在某种意义上，它已切断与历史的活态生命联系。干窑的可贵之处就在于它仍然是具有生命力的古建筑材料生产的活态遗产。这里既是历史遗迹，也是历史现场，更是为中国传统建筑传承、发展承担生产传统材料的非物质文化遗产大作坊。窑工们说着祖祖辈辈的方言，延续着祖传的技艺，码放着与历史一色的砖瓦，于一砖一瓦中传承一丝不苟、精益求精的工匠精神，一切宛若昨日。

　　干窑为什么还在生产呢？原因有二：一是，窑包若停止生产则易因保护不到位而发生塌陷，不间断地生产是保住窑包的最好方式。这像不像是古人智慧的程序设定？以此保证后人技不离手，代代相传。二是，现在各地的古建修缮保护需要这种传统砖瓦构件，这是我们保护传统建筑工艺材料真实性的必备条件。通过改变传统工艺生产甚至3D打印或许也能做个样子出来，但总是缺少历史的韵味，改变了古建筑材料的历史信息真实性。供应链安全是当前经济领域的一个热门话题，其实，干窑这样的供应链在古建筑保护领域更稀缺，尤其是在全国保护传统古建筑、留住乡愁的时代背景下。

所以，干窑是能够使历史"活"起来的一个重要节点。经由干窑，我们不仅可以看见历史，更能到达历史。

我们很欣喜地看到，今日干窑镇围绕着"活"字做了很多文章，使干窑的历史不仅"活"下来，而且"活"得更出彩。编撰出版这套干窑窑文化系列丛书就是重要的手段之一。该丛书共分7册，可以说从眼、耳、鼻、舌、身、意"六识"全方位展示了一个立体的干窑，将干窑的"活"字从各路灌输到人的心田。干窑是什么样，读了就知道了。即使没去过干窑的，也愿意跑一趟看看。

干窑镇的做法至少给我们四点启示。

其一，想办法建立起遗迹的古今连接，使遗迹"活"起来，这是遗迹保护的好方法。我们往往对"保护"有一种误区，认为尽量少动少碰甚至隔绝就是"保护"。殊不知我们保护的不仅仅是遗迹的物质本体，更要保护其蕴含的文脉，文脉得在活体之中传承。有效利用是文物保护重要传承方针的体现。

其二，许多地方宁愿依附或硬套与自己相去甚远的"大"历史，即历史名人、家喻户晓的历史事件而忽略"小"历史，一味求大是当今的一股风气。挖掘身边细小但真实的历史更有价值，通过发现、挖掘、推广使不知名的历史变知名，甚至成为一门"显学"，这像原发科技一样重要。

其三，保护手段要创新，要多样化。干窑的动态和静态保护展示要合理安排，既要注重"硬件"，也要注重研究、出版、传播等"软件"，正如窑包不烧加上保护不到位就会倒塌一样，硬件系统也需要"气"的支撑，"气"指的是看不见的软件。

其四，干窑的生产要处理好与环境保护的关系，要有新思路、新方法、新技术，在不改变传统工艺和基本形制的前提下，让干窑镇成为传承生产古建筑材料的非遗亮点。

干窑镇的窑文化遗迹保护与开发，为我们树立了一个非著名遗迹保护与开发的范式，它从遗迹本身特点出发，抓住"活"字这个关键的着力点，运用多样化的保护、开发、传播手段，产生了非常好的社会效益和经济效益。

中国文化遗产研究院原总工程师

中国文物保护基金会罗哲文基金管理委员会主任

序二
历史"长尾"上的干窑

（一）

历史遗迹的发掘和运营，是一门注意力经济。人们更关注著名人物、著名事件的遗存，如果遗存本身自带精品属性或恢宏叙事的气质，就更好了。人们只关注重要的人或重要的事，如果用正态分布曲线来描绘，人们只能关注曲线的"头部"，而忽略了处于曲线"尾部"、需要花费更多的精力和成本才能注意到的大多数人或事。浙江省嘉善县干窑镇的窑文化遗迹就处于这样的曲线"长尾"，具有以下特点。

一是"小"。干窑镇位于长江三角洲环太湖区域，这一区域土质细腻、黏合力强，适宜砖瓦烧制。从史前文化的烧结砖、秦砖汉瓦、明清时期专业的窑业市镇，到近代开埠后在大上海建设中的大放异彩，干窑砖瓦窑业正是环太湖区域窑业历史文化的典型代表。在长三角的窑业史上，干窑镇与陆慕镇、天凝镇等共同组成了一串璀璨的珍珠链。

二是"低"。对瓦当的研究与收藏，早在金石学较为发达的北宋时代就开始了，此后的南宋及元明都有记载，清代乾嘉学派将瓦当的研究推向高峰。当时，文人士大夫间收藏与研究瓦当甚为流行，从清末到民国，在一代又一代的瓦当研究与爱好者的努力下，瓦当走进了寻常百姓家，成为大众喜爱的装饰品和收藏品。但与精品文物相比，傻、大、粗、黑的建筑构件的收藏价值一直较低。"低"也意味着升值空间大，关键是挖掘出窑文化的价值并加以发扬光大。

三是"活"。有着 300 多年历史的沈家"和合窑"，是一座承载着旧时代烧窑技艺辉煌的"活遗迹"，为中国各地的文物修复、仿古遗迹等烧制砖瓦。生活在当下的掌握着古老技艺的窑工们，也有一种富有生命力的历史感。也要感谢计算机记录和存储功能这么强大的今天，每一个人都可以在历史上留下一笔。以往历史只讲述"人类群星闪耀时"，只有极个别的人物或极幸运的人物能够被载入史册。这批窑工的前辈们，偶尔也会将自己的姓名刻制在某块砖上，这是产品责任制的一种表现，但也只是留下一个名字而已，再无其他史籍参照与其产生更多的关联。为此，我们希望能细描这一段历史的"长尾"。

（二）

干窑窑业历史悠久，辖内发现唐代瓦当后，干窑窑业被初步判定起始于唐代。又据在干窑长生村宋代大圣寺遗址出土的"景定元年"铭文砖，最迟于宋代干窑就已开始烧制砖。

明代苏州秦氏迁入干家窑，并将京砖烧制技艺传入江泾，吕氏、陆氏开始生产"明富京砖"。从干窑出土的明代嘉善城砖以及清顺治年间干家窑产砖运往杭州建造满城（在杭州）可见，明末清初干窑烧砖技艺已趋成熟。清代中期，干窑已成为嘉善县的窑业中心，被称为"千窑之镇"，县志记载："宋前造窑，南出张汇，北出千窑"。位于干窑镇的古砖瓦窑沈家窑，以烧制"敲之有声，断之无孔"的京砖闻名。传说乾隆皇帝下江南时，误将"千窑"念"干窑"，"干窑"由此得名。至今仍在烧窑的沈家窑、和合窑已成为省级文物保护单位。

干窑也是江南窑文化的发源地和传承地。干窑的砖窑文化不仅包括窑业特有的生产技艺，如砖窑建筑技艺、瓦当生产技艺、京砖生产技艺等，还包括瓦当砖雕文化、窑乡民间故事传说、窑工生活习俗等。干窑的"窑文化"是文化百花园中的一朵奇葩，形成了江南水乡独具特色的砖瓦窑业文化。干窑文化不止于窑墩林立、砖瓦世界，而是多姿多彩、鲜活生动，每年农历正月有"马灯舞"表演，走亲访友常提杭、嘉、湖地区特有的工艺食品"人物云片糕"，还有与景德镇瓷器、北京景泰蓝并列为"中华三宝"的干窑脱胎漆器，以天然大漆和夏布为材料，经裹布、上漆、上灰、打磨、髹饰、推光等数百道工序纯手工制作，一件小型成品就得历经一年半载。

窑文化实质上是干窑镇、嘉善县乃至嘉兴市最有特色的民间文化之一，既是十分珍贵的物质文化遗产，又是特色鲜明的非物质文化遗产，干窑镇党委、政府正在进一步挖掘窑文化，做好窑文化文章，为长三角一体化提供深厚的历史底蕴和宝贵的文化财富，着力建设窑文化展陈馆、窑文化非遗体验点、修复废弃窑墩遗址，打造"窑文化"旅游品牌，推动窑文化的保护与传承。

编撰以窑文化为主题的书籍也是挖掘和保护窑文化的重要手段。干窑窑文化系列《窑火凝珍》正是在这样的大背景下，以"窑文化"学术研究、传承传播为主旨，邀请老窑工、民间爱好瓦当收集名家、高校学者和文化部门的有关专家学者等，回忆、讲述、挖掘、整理有关窑文化的历史、故事，并通过文字、摄影、摄像记录下有关京砖、瓦当的传统生产技艺，以图文并茂的方式全方位展示窑文化。

（三）

干窑窑文化系列共分七册，各册简介如下。

册一·影:《镜头里的干窑》是关于干窑窑文化的影像志。本书选取由著名摄影师拍摄的干窑照片（历史照片＋定制拍摄），勾勒干窑影像自身嬗变和行进的历史，也试图从感性的角度回溯干窑人与窑文化之间的深刻情缘。影像记录对象包括窑墩建筑、小镇景点／古迹、窑工、镇民生活、非遗展示、生产现场、活动场景等。

册二·史:《嘉善砖瓦窑业历史文化的传承》是关于干窑窑业与窑文化的简史。按照年代时序，内容上强调每个时间段干窑砖瓦对外影响和时代地位。时间断限由上古至今日。

册三·工:《干窑砖瓦烧制技艺》主要反映古代、近现代干窑砖瓦烧制的过程，以列入浙江省非物质文化遗产名录的"嘉善京砖"生产技艺及列入市级非物质文化遗产代表名录的"干窑瓦当"生产技艺为重点。干窑窑业制品品种丰富，以砖瓦烧制驰名。对民国后机制平瓦诞生及生产技艺等进行介绍。

册四·物:《干窑窑业精品鉴赏》注重对窑业制品的重要社会功能及其艺术价值进行挖掘，尤其对古代干窑生产的铭文砖文化、瓦当文化进行解读，凸显干窑窑业精品独特的艺术地位。干窑窑业实物分为窑业精品及窑业相关文物两部分。窑业精品反映了古代干窑工匠精神，以工艺精湛、寓意吉祥为主，根据用途，可分为建筑材料和生活用品两大类。干窑窑业相关文物包含在干窑窑业发展过程中保存下来的实物，见证了干窑窑业的兴衰史，通过对相关文物的赏析，以物证史，传承历史，照亮未来。

册五·俗:《瓦当下的俗日子》是干窑窑文化的民俗辑录。窑文化中"俗"的部分，分为砖窑、砖瓦及窑工习俗三个部分。其中窑工习俗围绕衣、食、游、艺及拜师、婚丧、信仰、祭祀等展开。抓住习俗中最具吸引力的部分，在讲述人物或故事的同时，融合民俗资料，古今结合，探寻习俗传承与演化。窑乡的民俗充满了"实用"与"智慧"，那些"规矩很大"的事情，令青年一代感到新鲜的同时心中敬畏油然而生。希望能够用轻松、诙谐又饱含敬意的态度去展现瓦当下的俗日子。

册六·声:《时光碎语：流淌于干窑之间的传说与故事》是关于干窑民间故事传说的民间文学集，可称为窑乡"风雅颂"。窑工是民间传说和故事的天然创作主体、再次创作主体和听众，窑场也为其提供了传播情境。本册辑录了干窑的传统民间故事及新时代创作的作品。

册七·人间:《千窑掬匠心：窑工实录》是关于干窑生活的"纪录片"。现代窑工生活实录、老人对窑乡的记忆、乡土变迁故事等。通过挖掘记录民间的文化记忆，探讨现代乡村（窑乡）的精神底座与物质文明的冲突与互适。希望通过对窑乡相关人物的访谈，寻访到可以留存和传承的文化记忆，记录现代乡村的"人世间"，包括寻访烟火人生·人情故事、寻访火热生活·创业故事、寻访文化遗迹·手艺传承、寻访乡土变迁·乡贤归巢等等。

这七册基本上反映了干窑窑文化从物质到精神的方方面面。

前　言

嘉善县干窑镇位于长江三角洲环太湖区域，这一区域土质细腻、黏合力强，勤劳聪慧的人民，在农耕之余，利用优质的泥土条件，练就精湛的砖瓦烧制技艺。从史前文化的烧结砖，到秦砖汉瓦，再到明清时期专业的窑业市镇，最终在近代开埠后大上海建设中抓住机遇大放异彩，干窑砖瓦窑业正是环太湖区域窑业史的集中代表。经历了新中国成立初期的国营和改革开放后短暂的繁荣，环太湖区域的传统砖瓦窑业最终因生态保护和建筑材料革新而停产，但在文化遗产保护的大背景下，嘉善窑业由生产价值转为文化价值，干窑镇留存的土窑"和合窑"于2005年被列入浙江省文物保护单位，干窑镇与天凝镇的"嘉善京砖烧制技艺"项目于2009年被列入浙江省第三批非物质文化遗产代表性项目名录，通过开展保护性砖瓦烧制以保证传统技艺的传承；同时顺应时代发展要求，通过技术革新推动传统窑业的发展，以满足当代古建筑修复的需求，嘉善悠久的窑文化传承在新时代得以延续。

目录
CONTENTS

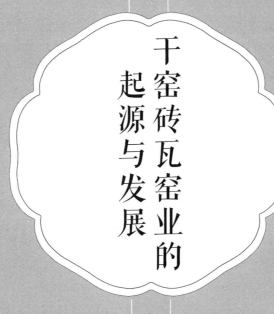

干窑砖瓦窑业的起源与发展

用黏土及与其相近的原料制成一定的形状，经干燥后，在高温下焙烧，制得保持原来形状的、坚硬的人造石材，这种石材总称陶质材料。砖瓦与陶瓷烧制的物理基础和化学反应过程是相近的，因此砖瓦与陶瓷在工业上统称陶质材料。砖瓦与陶瓷手工业都采用将定型黏土高温焙烧的窑业技术，且中国传统的青砖、青瓦烧制也是从陶器烧制中分化出来的，因此在古代中国，砖瓦与陶瓷烧制手工业都被统归为陶业，如康熙《嘉善县志》称"干家窑镇……民多业陶"。

　　古代陶业的发展需要基于一定的自然地理条件和社会经济条件。环太湖地区富含铝硅酸矿物的土质和湿热气候条件、战国时期以来的倒焰窑和还原法等窑业技术的引进与发展，为嘉善地区古代窑业的发展提供了条件。

嘉善地区砖瓦窑业相关的
历史地理概况

黏土之所以可以烧结成砖瓦是由于其含有铝硅酸矿物和铁硅酸矿物，其中纯度较高的铝硅酸矿物就是烧制瓷器的高岭土（$2SiO_2 \cdot Al_2O_3 \cdot 2H_2O$）。铝硅酸矿物和铁硅酸矿物的纯度不同，经过焙烧的产品的致密程度不同，致密程度最差、气孔最多的是砖，其次是瓦，而后依次是陶板、陶器、琉璃、瓷器。由铝硅酸矿物纯度最高的高岭土烧制的瓷器致密程度最高，明清时代的"京砖"则是一种致密度很高的砖，甚至高于陶器。

嘉善位于长江三角洲太湖流域，太湖西部与西北部为低山丘陵，苏州无锡一带山地有茅山群与青龙群，以红砂岩和灰质页岩为主，并有花岗岩侵入与侏罗—白垩系火山岩。[1] 这些岩石在日光、风、雨、冰雪、温度波动的机械破坏以及水和 CO_2 的长期作用下，经化学分解产生铝硅酸矿物，再由流水搬运在沿江平原与湖泊洼地形成沉积物，嘉善周围的土壤

1　中国科学院南京土壤研究所：《中国太湖地区水稻土》，上海科学技术出版社，1980，第38页。

正是由湖相沉积形成。同时，嘉善也处于长江三角洲地区，其土壤是江水搬运与泥沙沉积的产物。根据中国科学院南京土壤研究所的报告，太湖周边，尤其是太湖南部，成土过程具有强烈的黏化与轻微的富铝化特点[1]，这为太湖周边陶质材料的烧制提供了物理基础。因此，除了嘉善发达的砖瓦手工业外，还有闻名全国的宜兴紫砂壶烧制手工业、昆山锦溪祝家甸古砖瓦窑、明清时苏州京砖官窑。

长江中下游地区属于典型的亚热带季风气候，气候潮湿多雨，不适宜用砖坯（土坯）做建筑材料，因此在夯土技术成熟之前，建筑多为干栏式，同时最早出现的红烧土块，相对于普通泥土，用于铺设地面更加耐雨水冲刷，并逐渐发展为"烧结砖"。湿热多雨的气候条件使得南方地区发展"烧结砖"有着内在的驱动力。

环太湖区域最早的红烧土块出现于距今约5800~4900年的崧泽文化，在上海青浦的崧泽文化遗址发掘中发现一个公共祭祀台，铺有大面积的红烧土块。中国最早的"烧结砖"发现于长江北岸的安徽含山县凌家滩遗址，距今约5500~5300年，与长江三角洲的崧泽文化大约同一时代。[2]凌家滩遗址发现由大面积红烧土块堆砌的建筑，考古学家和研究人员检测了其物相组成、烧成温度、吸水率与抗压强度，同时对比分析了明代砖、汉代砖、现代砖的物理性能，发现这些黏土原

1　中国科学院南京土壤研究所：《中国太湖地区水稻土》，上海科学技术出版社，1980，第38页。

2　张敬国：《安徽含山县凌家滩遗址第三次发掘简报》，《考古》1999年第11期。

料在 950℃ 以上温度下烧制而成，其吸水率和抗压强度由外向内呈梯度变化，内层的抗压强度、吸水率接近于现代砖和汉砖，业已超过明砖样品。[1] 因此，考古学家将凌家滩遗址的"红烧土块"称为"红陶块"，作为中国烧结砖的雏形。[2]

环太湖区域最早的"烧结砖"是出现于良渚文化层的红烧土块，距今约 5300~4300 年，在昆山赵陵山良渚文化遗址发现了有明显人工痕迹的红烧土块，嘉善县辖内也有史前文化遗址，如姚庄镇发现的大往史前文化遗址（马家浜—崧泽—良渚—马桥），2021 年发现的西塘镇东汇前村文化遗址（良渚—马桥），其中在东汇前村遗址发现有红烧土块。

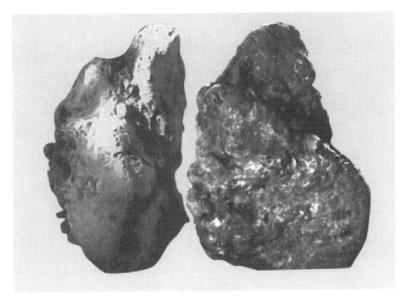

图 1 昆山赵陵山良渚文化遗址的红烧土块（记者梁嘉琪摄于昆山锦溪古砖瓦博物馆）。

1 李乃胜、张敬国、毛振伟、冯敏、胡耀武、王昌燧：《五千年前陶质建材的测试研究》，《文物保护与考古科学》2004 年第 2 期。

2 李乃胜、张敬国、毛振伟、冯敏、王昌燧：《我国最早的陶质建材——凌家滩"红陶块"》，《建筑材料学报》2004 年第 2 期。

图 2 凌家滩遗址的红陶块（图片来自《中国砖瓦史话》）。

图 3 凌家滩遗址用红陶块砌的水井（图片来自《中国砖瓦史话》）。

　　南方的传统青砖青瓦烧制技术则是战国时期从北方传入的。南方的窑业至战国时期仍是原始的平焰龙窑[1]，由于尚未

1　熊海堂:《东亚窑业技术发展与交流史研究》，南京大学出版社，1995，第 27 页。

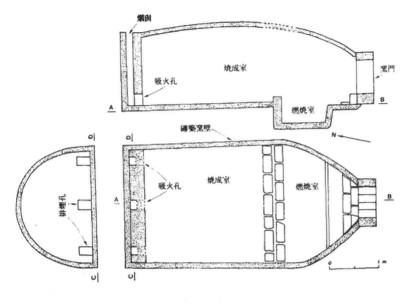

图 4 倒焰窑示意图（图片来自《东亚窑业技术发展与交流史研究》）。

解决燃料追加问题，原始技术还无法保证整个窑炉持续稳定地满足砖瓦烧结所需温度——1000℃。青砖青瓦源于商周时期北方两大窑业技术发明——倒焰窑和还原法。商周时代，中华文明在北方出现了规模更大的中央集权，生产力的发展使得国家可以供养专门的手工业人口，这保证了窑业技术的传承和进步。

倒焰窑是对窑炉结构的创新，窑炉火焰由升焰变为倒焰。原始的升焰式窑炉的火焰在炉膛中呈自然上升流向，火焰从烟囱或炉膛喷出，大部分热能还来不及与砖坯或陶器进行热交换就很快排出窑顶，因此这种窑炉热耗大，窑炉体积也受到限制。采用倒焰的方式，烟囱从窑炉顶部转移到窑炉后部，火焰首先到达窑炉顶部，然后经烟囱抽力从炉顶折向炉底后方烟囱出口，这样既增加了窑炉内部温度，有助于扩建窑炉的体积从而增加产量，又保证了整个窑炉内部砖瓦受热均匀，提高砖瓦或陶器烧制成品率。

还原法烧制砖瓦是窑炉降温技术的一次革新，由自然散热变为窨水降温。砖坯烧透之后，若通过熄火自然冷却，炉膛内流动的空气保证了充足的氧气供应，砖坯中的铁元素被氧化成三氧化二铁，三氧化二铁是红色的，就是红砖；若向窑中淋水，炉内高温使水瞬间变成水蒸气，从而阻隔了空气流通，在缺氧的情况下，砖中已经产生的三氧化二铁会被还原成氧化亚铁，氧化亚铁是青色的，就是青砖。还原法烧制青砖青瓦大约在西周早期。

倒焰式窑和还原法砖瓦烧制技术大约在战国时期传到南方龙窑的故乡杭州湾地区[1]，长江三角洲的杭嘉湖平原正是处于这一区域，其具有获得窑业烧制技术传承的条件。

1　熊海堂:《东亚窑业技术发展与交流史研究》，南京大学出版社，1995，第31页。

嘉善地区窑业的起源及窑业专业市镇的形成

倒焰窑和还原法砖瓦烧制技术传入杭州湾地区之后，包括嘉善在内的环太湖地区的砖瓦窑业在秦汉时期迎来了第一次大发展。瓦是屋顶的防水建筑材料，相较于砖，人类对瓦的需求更大，并且成本更低、产量更大，因此瓦在建筑领域的推广与普及要早于砖。砖的造价昂贵，产量低，在早期则主要用于大型官方建筑的墁地以及砌筑高台建筑的台阶，或者贵族墓葬中墓室的修筑。中央集权的秦汉大一统王朝在全国实行划一的政区，并派驻官员，官署机构用砖的推广以及北方官员和贵族的墓葬习俗在南方的传播，带来了南方砖瓦窑业的第一次大发展。长三角地区发掘的汉墓中均大量使用砖，包括精美的画像砖，环太湖区域湖州杨家埠的先秦至六朝的古墓群中包括用砖的两汉墓葬，嘉兴的嘉北乡九里汇也发现了用砖的东汉墓，另外发掘汉墓群最多的嘉兴海宁也大量使用墓砖。2004 年嘉善县陶庄镇中心小学校园内发现三口古井，井壁分别用弧形、长方形、梯形砖砌成，根据砖上的

图 5　嘉善县陶
庄镇中心小学校
园出土的汉砖
（嘉善县金石收
藏家金身强拍
摄）。

绳纹、蕉叶纹及五铢钱纹，判断属于东汉。可以说，嘉善地区两汉时已经发展出本地的砖瓦烧制技术。

唐末五代南方藩镇割据政权的城墙修筑运动促进了环太湖区域窑业的进一步发展。砖在地面建筑上的使用是从城墙包砖以及佛教砖塔开始的。中国古代的城墙长期采用夯土结构，为了提高城墙的防御功能和延长城墙的寿命，逐渐在原有夯土城墙外包砖，并且潮湿多雨的南方对于地面建筑用砖的需求更大。城墙包砖或砖砌城墙最早是从长江三角洲地区开始的。目前可以确证的中国最早的砖包城墙是汉末乌程县（今湖州），2007 年在湖州子城遗址发掘中发现墙基夯土层的两侧有"永初二年"（108 年）的纪年铭文砖，考古学者判断应该是东汉末年乌程县城墙的城砖。三国时吴国在京口北固山修筑的著名的"铁瓮城"，也是可以确证为早期砖包城墙之一。此后砖砌地面建筑仍很少，在南朝，地处长三角的建康城采用包砖城墙，在北朝，北魏时开始有砖砌的佛塔。唐代时，北方的洛阳是砖包城墙，南方则开始出现砖砌佛塔。唐末五代时社会动荡，南方的藩镇和割据政权将修筑或扩建城墙推向高潮，一些大都市开始砖砌瓮城。环太湖区域的苏州、常州、秀州（嘉兴）、湖州等多次重修或加固城墙，其中苏州和常州可以确证是砖砌或砖包城墙。唐末王郢之乱，江南多座城防被破坏，吴越王钱氏占有江南后，通过砖砌或砖包加固城墙。这一时期部分县城也出现砖砌城墙，如环太湖区域的无锡县、华亭县。南方地区地面砖砌建筑的大量出现促进了砖瓦窑业的进一步发展，进入宋代，砖瓦窑业技术更加成熟，根据《营造法式》的记载，砖的烧制日趋规范化和标准化，产量增加，更多的地面建筑出现。

嘉善地区在汉代已经成熟的砖瓦窑业在唐代得以延续，2015 年嘉善县干窑镇黎明村出土的多枚唐代莲花纹瓦当，青灰砖质，用本地黏土烧制。进入宋代，嘉善地区已经发展成为环太湖区域的砖瓦生产中心之一，在近些年城镇建设中，嘉善出土了大量宋代砖瓦文物。2017 年在魏塘街道东门大街拆迁现场，出土了一批宋代"大圣塔砖"铭文砖，属宋淳熙十四年（1187 年）建泗洲塔用砖，青灰砖质，用本地黏土烧制；2019 年在干窑镇长生村遗址出土了 10 多块材质、尺寸相同的古砖，青灰砖质，用本地黏土烧制，其中有一块"景定元年"铭文砖。2018 年在魏塘街道硕士花园铺设下水道时，发现唐代莲花纹瓦当、宋代缠枝菊花纹瓦当各一枚，均为青灰砖质,用本地黏土烧制。从宏观的历史背景和地方窑业发展进程来判断,嘉善地区宋代砖瓦窑业的繁荣也得益于唐末五代的城墙修筑运动。

在宋代,砖是造价昂贵的建筑材料,砖砌和砖包城墙比例仍然不高。直到明代,城墙包砖开启了中国砖瓦业发展的新时代。明清时期是中国砖瓦业发展中的重要时期,省府州县各级行政中心的城市全部改为砖砌或包砖城墙;空斗墙技术的应用,大大节省了砖的用量,民用建筑也逐渐采用砖瓦砌筑。大规模的城墙包砖运动与民间砌砖建筑的普及促进了明代砖瓦业的繁荣,产量的扩大促进了生产的专业化和技术

图6 干窑镇黎明村出土的唐代莲花纹瓦当(嘉善县金身强提供)。

图 7 魏塘街道东门大街出土的宋代"大圣塔砖"铭文砖（嘉善县金身强提供）。

的标准化，标准尺寸的砖瓦或琉璃构件开始批量化生产，这一定程度上提高了劳动生产率、降低了生产成本，反过来进一步促进了砖瓦建筑的普及。

明代中期以后江南发达的商品经济催生了大量的专业市镇。明代社会生产力的进步，使得范围小、流动性大、腹地距离短的一些农产品和副业产品交易的市、草市、墟、会等发展为较大规模的工商业市镇，如湖州"归安之双林、菱湖、琏市，乌程之乌镇、南浔，所环人烟，小者数千家，大者万家。即其所聚，当亦不下中州郡县之饶者"，[1] 在十七世纪前后约两百多年间（从十六世纪后半期到十八世纪前半期）发展得最为迅速。据明清两代地方志可知江南市镇人口增长的情况，有自数百家、数千家以至万家者。

这一时期，有着千年窑业技术传承史的长三角地区，形成了宜兴的紫砂壶、嘉善的砖瓦等区域窑业生产中心，其中嘉善的干窑和张泾汇两地是砖瓦生产的专业市镇。万历《嘉善县志》卷首的县境图中重点标注了该县的市镇，千家窑镇为其中之一，标注辖区内的重要商业市镇是明清两代地方志中的普遍现象；万历志对县境两处砖瓦市镇评述道："砖瓦，出张泾汇者曰东窑，出干家窑者曰北窑。东窑土高，窑大火足，故坚完可用；北窑地卑，取土他所，又窑小闷熟者，故脆而易坏"。[2] 当时出现专门砖瓦产品的商号，如"定超"、"明富"京砖。[3]

根据嘉靖《嘉兴府图记》，当时嘉善还有专门的窑业匠户，"黑窑坯匠一十六户、黑窑匠九十六户，琉璃坯匠一户、琉璃匠一十八户"。明代承袭元代，将"户"分为"军、民、

1　（明）茅坤：《与李汲泉中丞议海寇事宜书》，载《茅鹿门先生文集》（卷二），上海古籍出版社，1995，第120页。

2　（明）袁了凡：万历《嘉善县志》卷五《物产》。

3　嘉善县地名办编《浙江省嘉善县地名志》，嘉善县地名委员会，第169页。

匠、灶"四籍，子承父业，职业世袭，其中匠户是国家选拔的具有手工业技艺专长的人。匠户免除其他一切劳役，只为国家承担本职业的专门定期劳役，在完成规定劳役后可以自产自销。窑业匠户与其他大部分职业匠户相比，具有特殊性，即属于"存留匠户"，无须定期入京师承役，而是存留当地工作，明代全国少数几处设置存留窑业匠户的还有山东临清和南直隶苏州的砖瓦御窑、江西景德镇的御瓷厂。明代在嘉善县设置匠户也在一定程度上说明了官方对嘉善本地砖瓦窑业从业者优秀技艺的肯定；匠户统计中出现的制坯与烧窑的分工，也说明明代嘉善砖瓦窑业的专业化程度之高。随着时代的迁移，嘉善窑业技艺愈发精益，除了做砖坯是一般农户的副业外，窑业各工种——盘窑、装窑、烧窑、出窑等都发展成为专门技艺。例如，砖瓦烧制的首个工序——盘窑，嘉善的盘窑技师不用一根钢铁柱子，没有水泥灌浇，仅用泥或泥坯堆砌，制造的窑墩就可以经受几十年甚至上百年的风吹雨淋，盘窑技艺多为父子相传，新中国成立前嘉善全县的盘窑师也只有五六十人。再如，装窑的工序，泥坯装进砖窑时，分为"上装""下装"二等，"上装"者技术需最好。装泥坯时要上紧下松，出通水火弄，做到洞对洞、弄对弄。烧制瓦片必须先在窑内装砖坯作为底脚，然后把瓦坯叠放在上面，待把瓦坯烧制成瓦片时，砖坯也烧制成砖头了。

嘉善作为江南的砖瓦生产中心，所产砖瓦除供邻近地区外，主要供京、苏、杭官府所用。记述明末清初江南嘉善县地方大政琐事的私人笔记《武塘野史》载，清顺治七年

图8 万历《嘉善县志》卷首的县境图中标注的干家窑镇。

图 9　嘉善江泾村吕家生产的"明富京砖"（嘉善县金身强提供）。

（1650年）"干窑解砖瓦至省筑满洲城"[1]。张泾汇窑市因毁于战火，故嘉庆《嘉善县志》只记"砖瓦出干家窑者佳"[2]。苏州的太平天国忠王府，亦为嘉善砖瓦所建。康熙《嘉善县志》载，干家窑"民多业陶，……甓埴繁兴，三吴贸迁勿绝"。[3]

嘉善在明清时期能够发展成为一个区域砖瓦生产的专业市镇，除了技术传承与黏土等自然条件外，江南地区发达便利的水路交通也是重要因素之一；且水路运输成本远低于陆路，如沪杭铁路1909年通车，但是到1932年政府仍在大力鼓励使用铁路运输[4]，可见水路运输成本优势之稳固。当时嘉善为便于砖瓦外运，发展出了一种特色木船，船形似西樟船，方头宽底，吃水较浅，船身平稳。头舱和中舱为货舱，后舱为船员住宿、作业处。船触两侧有高10余厘米、宽7~8厘米的杉木围口，围口既能防止河水进舱，又可供船员撑篙时踏着行走。头舱和中舱都架斜坡式高舱板，减低舱内深度，有利于挑工挑着砖瓦一步到位进入船舱。这种船除运砖瓦外，也运砖坯、瓦坯进窑厂，还有的船运泥土进窑场加工制成砖坯、瓦坯。据相关从业者回忆道，明清以来嘉善砖瓦船通过

1 （清）佚名：《武塘野史》，转引自嘉善县志编纂委员会编《嘉善县志》，上海三联书店，1992，第1195页。

2 嘉庆《嘉善县志》，转引自嘉善县志编纂委员会编《嘉善县志》，上海三联书店，1992，第1195页。

3 康熙《嘉善县志》，转引自嘉善县志编纂委员会编《嘉善县志》，上海三联书店，1992，第1195页。

4 陈佐明、范汉俦、刘升如、徐修纲：《嘉善之米及砖瓦：沪杭甬线负责运输宣传报告之五》，《京沪沪杭甬铁路日刊》1933年第716期，第61~62页。

水路进入杭城北新关时要交纳船税，然后泊于杭州石灰坝卸货，一字形排列，由人工用竹夹子叠齐砖瓦，用小扁担肩挑竹夹子上岸，直到 20 世纪中叶后，这些砖瓦船才转移至德胜坝码头，使用吊车卸货。[1]

1　朱惠勇:《杭州运河船》，杭州出版社，2015，第 23 页。

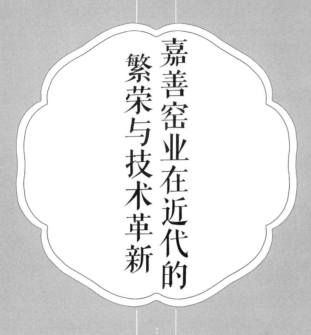

嘉善窑业在近代的
繁荣与技术革新

上海开埠、太平天国运动之后，沿江沿湖的大批商贾官绅纷纷入沪经商或避难，营建日繁，砖瓦需求猛增，同时得益于新技术的引进，环太湖区域的砖瓦窑业进入繁荣时期，作为明清以来环太湖区域砖瓦窑业的生产中心，嘉善干窑镇更是抓住了历史机遇，引领了中国近代民族工业的发展。

嘉善地区近代窑业发展

嘉善窑业之更大发展，是在淞沪开埠、太平天国运动之后，当时沿江沿湖大批商贾巨富和官僚士绅纷纷进入苏、沪、杭等大中城市经商或避难，营建日繁，砖瓦需求猛增。境内和外地巨商窑户见窑业有厚利可图，竞相在北部河港开阔处投资建窑，利用低价收购的砖瓦坯，进行大规模生产，并在干窑窑区的基础上，渐次推广至上甸庙、下甸庙、洪家滩、天凝庄（天壬庄）、范泾、清凉庵、地甸、界泾等地，其时产品产量与日俱增。光绪年间修苏州古城所需城砖为嘉善所出。

《申报》光绪十六年（1890 年）3 月 3 日报道："浙江嘉善县境砖瓦等窑有一千余处，每当三四月旺销之际，自浙境入松江府属之黄浦，或往浦东，或往上海，每日总有五六十船，其借此以谋生者，不下十数万人。"[1]《申报》1921 年 7 月 20 日报道："上海所需砖瓦，多向嘉善订购，为数甚巨……经客商报装砖瓦前往吴淞者，络绎不绝，每日平均计有三十余辆之

---

1 《窑户苦况》，《申报》1890 年 5 月 18 日。

图 10 民国时期下甸庙窑区林立的窑炉烟囱（图片来自《东方画报》1930 年第 24 期）。

多，年值六百万元。"[1] 清光绪年间，嘉善砖瓦就被大量运往上海。上海豫园的"京砖之王"、清末"金记京砖"也都是嘉善生产的。

1930 年为善邑窑业黄金时代，全县动烧窑墩达 786 座，年产窑货达 117888 万块，价值 589.44 万元。1931 年，全县成立砖瓦公司达 15 家。百里内窑囱密布，各乡镇商市繁盛。[2]

1 《沪杭路车运嘉兴砖瓦赴淞》，《申报》1921 年 7 月 20 日。

2 于树峦：《嘉善县窑业之调查 (附表)》，《浙江省建设月刊》1936 年第 6 期，第 1~8 页。

表 1　1930~1936 年嘉善窑货产量和产值

年份	1929 年	1930 年	1931 年	1932 年	1933 年	1935 年	1936 年
产量（万块）	100400	117888	100320	87256	87000	64302	35530
价值（万元）	570.00	589.44	521.20	252.10	120.00	419489（石百米）	119.00

数据来源：凌瑞拱《调查：嘉善窑业调查（附表）》，《浙江工商》1936 年第 3 期，第 47~53 页。

　　嘉善所产窑货，每以窑区地段与交通之不同，异其销地。销量最大，则首推上海。据 1933 年《京沪沪杭甬铁路日刊》之宣传报道："砖每年约出六万万块，瓦约出二十万万张……砖瓦一项，全由船运上海销售"，嘉善砖瓦木船由人工摇橹，或加装汽油发动机。[1]

表 2　1936 年各窑区销售情形一览

窑区	销售地点	销售方法
下甸庙	上海	顾客直接来窑采办或向砖瓦行或经与各营造工程处接洽
洪家滩	十分之七销上海，十分之三销杭州及四乡	上海各砖瓦行派水客来窑采办，名为坐庄或经与各砖瓦行及顾客接洽
清凉庵	十分之八销上海，十分之二销内地各埠	十分之七经销各砖瓦行及顾客，十分之三由货船
干窑	各大都市及本县四乡	贩户与顾客来窑采办或各砖瓦行与营造工程厂商直接来窑采办
夏河	苏州及嘉兴	货船承销
范泾	上海浦东	货船承销
天壬庄	内地各埠	货船承销

数据来源：唐鸣时《嘉善的砖瓦：都市建设工料研究之一》，《上海工务》1947 年第 2 期，第 12 页。

1　唐鸣时：《嘉善的砖瓦：都市建设工料研究之一》，《上海工务》1947 年第 2 期，第 12 页。

表3　1947年各窑区销售情形

窑区	砖瓦类别	销售地
范泾	三号砖、黄道、塥砖	销往上海浦东
下甸庙	一二三号砖	销往上海
洪溪	一二三号瓦、大小瓦、方砖	十分之七销上海，十分之三销内地各埠
清凉庵	一二三号砖、定胜、黄道	十分之八销上海，十分之二销内地各埠
干窑	三号砖、平瓦	销往各大都市及本县四乡
玉河	二号砖、定胜、黄道	销苏州、嘉兴
天壬庄	三号砖、大小瓦、塥砖	销杭州及内地各埠

数据来源：唐鸣时《嘉善的砖瓦：都市建设工料研究之一》，《上海工务》1947年第2期，第12页。

　　1932年"一·二八事变"后，嘉善砖瓦窑业发展态势急转直下。当时上海市工商业界认为在沪经营面临安全威胁，故大部分开始往内地转移；上海金融地产行业认为非租界不能保证安全，因此在华界的地产投资锐减，资金转入租界建设商业大厦，而租界建筑当时已经采用钢筋水泥建造，由于嘉善砖瓦窑业命运与上海建筑业发展紧密相连，上海市场需求的萎缩也造成了嘉善砖瓦窑业的衰退。同时，邻省邻县窑业日益发展，也不断挤占嘉善砖瓦窑业的市场份额，先是上海建设的巨大需求使得嘉善砖瓦窑业处于供不应求的状态，窑商甚至抬价销售，面对巨大的利润，上海周边的昆山、太仓、宝山、浦东、龙华等处，纷纷建立新式砖瓦工厂或旧式砖瓦窑，甚至苏州陆慕已经停烧多年的砖瓦窑也恢复，这些地区同样利用便利的水路供应上海，将上海市场掠取一部分。[1]

市场萎缩，砖瓦大量积压，造成窑商大量破产。当时各地窑货，均由上海各砖瓦行商派货船承销，但货船现款交易者颇少，大半均系沪行赊欠，物款系沪上各银行支票，尤以上海银行为最多。因市面不景气，窑户所得支票，到期不能兑现，被货船拖欠货款者，常有所闻，故账款之能扫数收起者甚鲜，同时地方政府又无专供救济该业之金融机关，无从告贷。窑墩破产停烧者，实居多数。[2] 据 1936 年上半年的实地调查，全县窑墩停烧达四百零七座之多，动烧窑墩仅三百一十八座，根据动烧窑墩数，计其产量，则年仅三万五千五百三十万块，总值一百九十万元。其时窑货价格惨跌，瓦坯每万约值五元，砖坯约十元，如由贩坯户辗转销售，则坯农实得瓦坯价每万仅四元，砖坯价每万仅六元左右耳。[3]

1936 年，县政府注意于国民生产建设，通过省方拨取经费、信用借款、成立窑业管理处，改良生产品质、合作运销等方式谋窑业复兴。至 1937 年，窑业动烧，已占半数以上，销路甚佳。1937~1945 年，嘉善处江浙要冲，八年来大规模之游击战争，几无月无之。繁盛市廛，尽成丘墟，窑墩毁损者，几及四分之三。[1]

　　抗战胜利，各方需要砖瓦殷切，窑业又一度兴起，窑商纷纷修复并新建窑墩，政府开禁犁地取泥改田，全县窑墩增至827座，分布在7个窑区：干窑156座、下甸庙124座、天凝庄121座、洪溪245座、玉河83座、范泾65、清凉庵33座。1947年，产砖7.2亿块，平瓦2900万张，土瓦2.8亿张。当时为了扩大销路，干窑的华新花砖厂从西班牙引进2台花砖制造机，生产供装饰用的花砖。但是内战造成的社会动荡打断了短暂的繁荣，大多数砖瓦窑被闲置，经窑商同业公会年余之整理，1947年复业者约三百座，占全县窑墩数百分之三十七。战后窑商经济实力一落千丈，曾数度吁请善后经济总会救济。[2]

　　这一时期嘉善窑业的发展对社会经济的影响巨大。嘉善县北、西北、东北三区，烟囱如林，窑烟燎原。大批农民利用农闲制坯，成为主要副业，有的农民还受雇于窑主，其收入往往超过农业。光绪《嘉善县志》载："不少搏土之工，农民于农隙时为之……获利较厚"。众多农村妇女，除制坯外，还参与辅助劳动，近窑村妇多搬砖瓦，民谣曰："货船泊岸夕阳斜，女伴搬砖笑语哗，一脸窑煤粘汗黑，阿侬貌本艳于花。"据1937年《中外经济情报》报道："恃窑为资产者曰窑

1　凌瑞拱：《调查：嘉善窑业调查（附表）》，《浙江工商》1936年第3期，第47~53页。

2　《国内经济：嘉善砖瓦窑业已近外强中干》，《商业月报》1947年第9期，第5~6页。

户，计四百六十余家。制坯为生活者曰制户，计十一万余人，贩坯赡身家者曰坯户，计二百二十余人，其他运坯、装窑、运货，统曰窑工，平均一万四千余人"，窑业为全县二十一万民众生机所恃。[1] 而据 1947 年 8 月《上海工务》报道，从业人员占全县人口二分之一，约十四万人，直接服务窑业之技术人员与劳工，合计有四万左右，总计赖窑业营生者，不下十七万人。[2]

各类窑工之收入都较其他各业为优，其每月收入大致如下：烧工每月白米 6.5 石，装窑工 6 石，运工 1.5 石，窑墩师

图 11　民国时期制坯的女工（图片来自《东方画报》1930 年第 24 期）。

1　《嘉善窑业现状》，《中外经济情报》1937 年第 112 期。
2　唐鸣时：《嘉善的砖瓦：都市建设工料研究之一》，《上海工务》1947 年第 2 期，第 9~13 页。

20 石；坯农在春秋两季，一家男女老少分工合作，月可制坯三四万块，年可收入白米 10 石以上，其收入超过农业有数倍之多，故路北（铁路以北的农窑区）农村经济相当富足，路南（铁路以南的农桑区）与之相比真不知相去几许。路北农民多住砖瓦房，路南农民多住草棚。由于窑货大量出运，全县收入最高年份可达黄金 10 万两，大大超过大米外运的收入，成为全县第一大宗出境商品。农民收入颇丰，可以有较多的钱财投入农业，故又促进了农业的发展。新中国成立初期，农民制坯仍是主要副业收入，可补生产、生活之需。[1]

窑业之于调剂百业，裨益民生，实非浅鲜。例如民国十年（1921 年），县境大水，田禾尽淹，幸窑区砖瓦畅销，佃农弃秋收而努力造坯，生活赖以安度。嗣以窑业衰落，水旱蚕灾，此扑彼起，农村经济，则濒于一蹶不振之境遇，百业悉受影响。1934 年 7 月，窑业衰落，加之蚕桑不兴、旱灾导致西瓜减产、桃子丰收却不值钱等缘故，乡民投河、自缢等寻死事件一天里有好几件。

大量窑货的生产和运销，招徕各路客商，农村购买力提高，导致商业发达，市集繁荣；以窑区为中心，逐渐形成干窑、天凝庄、下甸庙、清凉庵、洪溪等集镇。1930 年，全县有各类商店 1864 家，各类牙行 205 家，其时既是窑业鼎盛时期，也是商业最发达年份。[2]

1　嘉善县志编纂委员会编《嘉善县志》，上海三联书店，1992，第 1161 页。
2　嘉善县志编纂委员会编《嘉善县志》，上海三联书店，1992，第 1161 页。

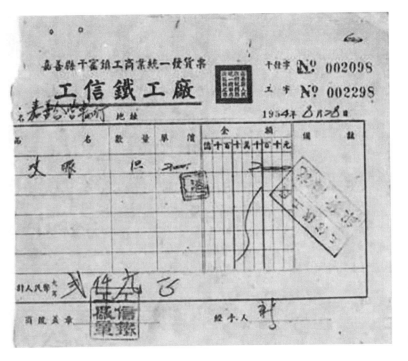

图 12 1954 年
工信铁工厂凭证
（金身强提供）。

从炼制坯泥到烧制砖瓦，需要大量操作工具，许多窑业专用工具应运而生，促进了铁木匠业的发展，县内最早的机器制造业也源自窑业。1918 年后，采用轧瓦车者日增，故有干窑工信铁工厂之诞生，该厂以制造轧瓦机而著称，产品除供应本地外，远销京、鲁、云、贵、川、陕等地。1948 年，干窑窑区各厂大都采用机器制坯，计有平瓦制坯机 79 部，制砖机 7 部，有 7 家厂配置有小型动力设备，窑业（与粮油加工业）实为嘉善近代工业之先声。

大量窑货的运销，促进全县水上运输业与装卸业的发展，还吸引了大量外地劳动力。在整个砖瓦生产与运销过程中，参加运输搬运的有运坯工、装出窑工、装卸工和船工，有运泥运坯、运送砖瓦和燃料的专业船只，最多时逾万条，船工约 5 万人（船户以上海苏北籍为多，本地船户仅百分之一），同时也促进了造船修船业的发展。

悠久而发达的窑业，造就了一支工副业大军，特别是盘窑师傅和烧炼师傅，世传秘诀，技艺精湛，为各地所聘请，新中国成立后，窑业技工的足迹不仅踏遍苏浙沪，而且远涉皖、赣、京、晋、云、贵、新和内蒙古等地传授技艺，对各地窑业发展作出了贡献。

由于窑业发达，人民收入颇丰，生活均甚安定，市集各业繁荣，政府赋税收入极殷，故对全县经济发展起到积极作用。但是，由于窑业所需坯泥量极巨，每万块砖的需泥量，"八五"砖约为 24 吨，"九五"砖 30 多吨，每万张平瓦需泥 25 吨，年产 10 亿窑货就需坯泥 200 万~300 万吨，这对农业来讲，产生极为不利的影响，几百年来的挖泥制坯，使嘉善这个本系地势低洼之区，更是泥去田低，甚畏水潦，只是因获利甚厚，"有乐于搏土而废耕者，故近窑诸村荒田尤多"，"致耕种荒废、粮食减少，本县民食前途殊堪殷忧"。窑桑争地，"犁地为田"，使县内蚕桑业一直停滞不前，且日趋下滑。

从清末到民国初期，嘉善砖瓦瞄准上海开埠的历史机遇，走"转型升级"之路，使 400 多年砖瓦烧制历史一脉相承。1918 年，干窑商民潘啸湖等人仿制洋瓦成功，筹集股本 2 万元，创建陶新机制瓦厂[1]，开始有了平瓦生产，继起者有泰

---

1 《组织陶新红瓦厂》，《申报》1918 年 11 月 3 日。

山、生泰、华新等。1921年，戴补斋等人创办泰山砖瓦股份有限公司，在上海设总公司。生产砖瓦的厂区：一厂设在嘉善县干窑镇，二厂设在上海县新龙华镇，产品大量销往上海，如上海国际饭店、华侨饭店等均采用该公司砖瓦。而由泰山公司总工程师柳子贤首制的外墙装饰用面砖，获专利注册权，产品被上海南京路等繁华街段的建筑所采用，一时间成为"时尚"与"流行"的代名词。民国1926年，泰山公司成功开发了薄型陶瓷面砖，其色彩及性能均优于进口产品，当时被上海多栋著名建筑用作外墙饰面，如锦江饭店、国际饭店、百老汇大厦、哈同花园，以及陕西南路的马勒公馆等。

嘉善砖瓦能够抓住近代化的历史机遇迅速发展起来，有以下三个方面的原因。

其一，产品的创新。由小瓦、青砖到平瓦（洋瓦）、红砖，再到釉面砖、彩色地砖和耐火砖等生产，抓住了上海开

图13 陶新砖瓦厂生产"双马牌"机制平瓦（嘉善县金身强提供）。

埠和国民政府南京建都的历史机遇，为苏浙沪地区的城市建设提供了新颖的建筑材料。

其二，设备和工艺的更新。由传统的手工制作砖瓦到机制生产砖瓦，由土窑墩发展到隧道窑（西式），窑区分散的小型生产作坊逐渐转变为有现代工业特征的窑业生产工业，由千家万户零星销售产品的模式发展到打造公司品牌进而统一产品规格、统一销售渠道的行销模式。

其三，燃料的改革，即由秸秆烧窑改为煤炭烧窑（解决了劳动力与生产成本问题），以"土窑墩烧洋瓦"为例，原来窑工由三名减少到一名，有效缓解了当地砖瓦烧制与居民"争夺"燃料的矛盾。嘉善的砖瓦业由此成为中国民族工业，特别是建材工业的重要组成。嘉善窑乡曾经的辉煌，一度推动了当地的社会经济发展。

近代中国建材业民族工业的
代表：泰山砖瓦有限公司

民国初期，随着国外资本和民族工商业在沿海各地兴建工厂、商号，新颖城市亦相继建立。社会上有识之士的"教育救国""实业救国"呼声日益高涨，也出现了南通实业家张謇和无锡荣氏兄弟创办民族工业的先例。当时上海建设用的平瓦（俗称"洋瓦"）要从欧洲进口，1919 年法国人在上海开了一家泥品厂，从法国运来制瓦机，开始生产平瓦，尽管是脚踏式砖瓦生产的单机，生产效率很低，一天只能生产 200~300 张，但物以稀为贵，利润极高，为此嘉善商人开始仿制欧洲的平瓦。1920 年，嘉善商号同泰生的老板与干窑大窑户潘惠卿合伙开办嘉善县第一家平瓦厂，仿制制瓦机并成功生产出最早的国产机制平瓦。

1920 年，民国著名的实业家黄首民从美国留学归来，盘桓在十里洋场，驱车行驶在繁华的闹市区，看到马路两侧的建筑物多是用国外进口的洋砖、洋瓦构建的，于是，他萌发了打造中国人自己的砖瓦品牌的念头。当时，嘉善县干窑镇的戴补斋、柳佐卿和李仁斋三名社会贤达也正在牵头发起合资创办砖瓦厂的事宜。就这样，上海实业界的黄首民、钱新之、史量才、黄炎培、刘鸿生等人，与嘉善当地商人不谋而合，在干窑镇北的三板桥畔，创办了新式砖瓦生产公司。公司采用征集股金的办法来筹集资金，拟筹一万元（银元），公开招股，每股百元，共一百股。由于得到当地土绅和窑户的支持，集资颇为顺利。设备靠上海的黄首民从外国洋行购得进口的压瓦机。经全体股东会议决定公司名为泰山砖瓦股份有限公司。股东大会推选上海大股东黄首民为总经理，钱新之任董事长，戴补斋任营业部主任，并聘请了美国俄亥俄州立大学建筑陶瓷专业毕业的柳子贤任总工程师。[1]

工厂占地约二十六亩，生产设备有手工机械压瓦机一台，附有十二寸、十六寸及脊瓦模具各一副，模具在上海翻版刊出泰山商标，窑墩自建三座，租赁三座，购买运输船六条。窑工按传统惯例，实行终身顶班制。每只窑墩配有窑工二十余人，全厂有男女工人九十余人。大部分为台州籍季节工，每逢冬季工厂停工，各自回家从事其他劳动，开春后再回厂。[2]

从 1920 年下半年正式投产营业，日产平瓦坯七千张，年产平瓦约一百八十万张。根据当时组织法拟订的公司条例，呈报当局注册商标金。所有产品销往上海、南京、杭州等各

1 《泰山砖瓦公司略史》，《申报》1935 年 10 月 15 日。

2 戴季高：《创建泰山砖瓦公司始末》，《嘉善文史资料》1990 年第 4 辑。

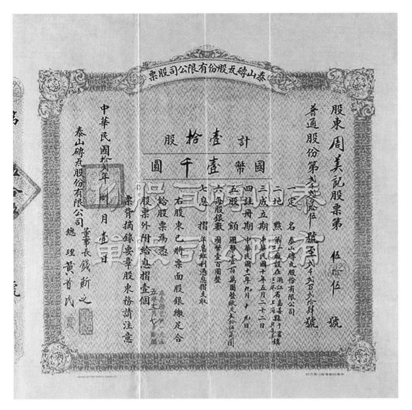

图 14 1923 年泰山砖瓦股份有限公司的股票（图片来自《中国嘉德 2003 年秋拍图录》）。

大城市。由于公司善于经营，注重品质，泰山垒字号平瓦在京沪杭一带曾风行一时。大型建筑工程，均争相订购，一度出现供不应求的兴旺局面。不久，为进一步发展业务并缩短产地与上海的运输距离，决定在上海市郊新龙华，靠黄浦滩长桥地区开辟新厂，专供上海市场，定名为泰山砖瓦二厂。[1]

泰山公司创立之初，产品以机制青、红砖和平瓦为主，随着公司在上海建材市场份额的扩大，公司高层和董事会及

---

1 戴季高：《创建泰山砖瓦公司始末》，《嘉善文史资料》1990 年第 4 辑。

时调整了经营策略，决定开发更多的高端产品，公司不断加大投入。上海福州路建造花旗总会（今上海市中级人民法院办公楼）的营造厂从美国进口紫色绉纹陶瓷面砖，作外墙装饰材料，引起黄首民的关注，即组织力量研究，经过反复试制，于1926年制成薄型陶瓷面砖，称为"泰山面砖"，其色彩及性能均优于进口产品，1928年获国民政府工商部专利权。[1] 上海的锦江饭店、国际饭店、百老汇大厦以及陕西南路马勒公馆等，均用泰山面砖装饰。该面砖当时还销往国外市场，声誉远及南洋群岛。泰山面砖曾获得菲律宾建材展览会及杭州西湖万国博览会的奖状。1934年，黄首民为开拓和发展建材产品，研制和生产古建筑瓦与洋式平瓦、彩色琉璃瓦以及各种彩色有光的釉面砖。[2]

继泰山之后还有华新砖瓦公司、山泰砖瓦公司等新式砖瓦民族企业成立，这些企业同样继承了泰山公司的创新和开拓精神。以华新砖瓦公司为例，始创于1922年嘉善干窑镇，其时规模未备，只有大平瓦一种。而后该公司经理柳子贤君，脱离泰山砖瓦公司，亲来主持，乃大改革，五六年来，规模既备，始有各式平瓦、筒瓦及中国庙宇式筒瓦。柳君久任泰山公司总工程师，技术优良，经验丰富，凡经其手制之品，无不称美绝伦，为建筑界所称许。1933年春，柳君鉴于市上水泥花砖，大都乖劣，难以久用，乃悉心研究，颇有心得，

1 《泰山砖瓦公司略史》，《申报》1935年10月15日。
2 《上海建筑材料工业志》编纂委员会编《上海建筑材料工业志》，上海社会科学院出版社，1997，第340页。

图 15　泰山砖瓦公司早期生产的平瓦（嘉善县金身强提供）。

于是扩充范围，购办最新式每方寸二千五百磅气压机，用上好矿质、颜料制成优美花砖，与外货毫无差距。华新花砖，尺寸准确，质地坚实，花纹清朗，砖面光洁，为其他花砖所不及。行销以来，已遍布各埠。南京国民政府大礼堂、林森别墅、国民党中央党部、首都饭店、江苏银行、浙江大学农学院、航空学校运动场、湖州东吴大学附属中学、江西省政府办公厅、九江中央银行、本埠法工部局、喇格纳华童公学、中国银行高级职员住宅、杜月笙先生别墅、大新公司等均采用该公司花砖铺地，该公司出品之受人欢迎程度可见一斑[1]。

　　"泰山公司"既搞"秦砖汉瓦"又搞"欧风美雨"，不

---

1 《华新砖瓦公司之概况》，《工程周刊》1936 年第 4 期。

断开发适应上海发展要求、与"十里洋场"建筑风格相协调的新产品和新品种，从而"以销定产""以销促产"，使公司稳稳地把握了上海、南京和杭州等市场的销售主动权。创新是"泰山公司"的产品进入上海这座繁华都市的钥匙，"转型升级"让嘉善的建材行业充满了活力，促成古老的砖瓦行业走上国际舞台。"泰山公司"在民国时期有诸多创新和革新之举，一度引领国内砖瓦行业的发展潮流，是民国中国建材工业最闪耀的一家公司。

图16 泰山砖瓦股份有限公司办公处旧址内景（嘉善县金石收藏家金身强提供）。

040

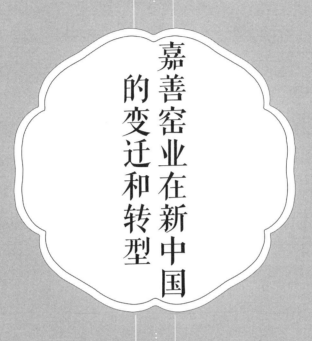

嘉善窑业在新中国的变迁和转型

新中国成立初期
和改革开放初期的转变

　　新中国成立初期，由于中国共产党贯彻了保护民族工商业的政策，切实执行"发展生产，繁荣经济，公私兼顾，劳资两利"，扶持窑业，帮助解决资金和燃料等困难，并动员外流厂商回乡复业。新中国成立初期全县窑墩为753座，分9个窑区。其中干窑125座，下甸庙124座，洪溪162座，天凝庄156座，汾玉83座，范泾30座，地甸18座，界泾22座，清凉庵33座。自1950年起，人民政府开始建立公营砖瓦企业，扶持私营企业，使之迅速恢复生产。1951年夏秋，国家基本建设规模开始扩大，从而公私窑业竞相经营。全县有完好窑墩613座，动烧达538座，平瓦远销北京、齐齐哈尔、西安、宝鸡、福州、南宁及沪杭宁地区，青砖大部分为国家机关企事业单位和国防建设所用，供应沪、杭、苏、锡、舟等地，其中供沪量最大，约占全县产量的70%，土瓦供应邻近沪、嘉、苏、松农村，产销基本平衡。[1]

1　嘉善县志编纂委员会编《嘉善县志》，上海三联书店，1992，第750页。

1952年成立了嘉善县砖瓦工业同业公会，产量达到历史最高水平，质量也日益提高，嘉善窑业的面貌焕然一新。1952年春，由于国家建设计划紧缩，煤建公司一度停止收购，价格调低，窑业较上年萎缩，动烧窑墩减至162座。是年秋，国家建设规模又有扩大，一时砖瓦烧制不及，泥坯供应不上。遂发动农民冬季制坯，因天寒地冻，先后冻坏砖坯4300万块，而浙江砖瓦一厂因坯源不足而告急，这年产砖37875万块（其中公产占52％，私产占48％），平瓦1953万张（其中公产占23％，私产占77％），土瓦6197万张（其中私产占95％以上）。1953年春，经上年多次发动，坯价又作调整，刺激农民制坯，产量大增，至5月初，积压砖坯7000万块，后由上海建筑材料公司驻嘉善办事处收购。是年产砖51175万块（其中公产占47％，私产占53％），产平瓦1707万张（其中公产占38％，私产占62％）。

图17 浙江砖瓦一厂生产平瓦（嘉善县刘英姿藏）。

1954 年，国家力保浙江砖瓦一厂和建设窑厂的生产，产量继续上升。私营砖和平瓦的产量分别下降 10％和 84.3％，土瓦销于沪杭沿线农村，产量却从上年的 5950 万张增至 10665 万张。1954 年秋，国家和市场对砖瓦需求减少，国营厂开工率只达 61％，第四季度被迫停产。1956 年，国营窑业生产遂有起色。1957 年全县砖和平瓦产量较上年有所增加，土瓦有所下降。这段时期经济体制经历历史性变革，整个窑业由于受国家建设规模的大小、坯农供坯量的多少、国家购销政策的调整、不同所有制企业之间的摩擦、私营内部劳资之间的纠纷（流动性的雇佣关系）、生产经营手段的差异（如设备、资金、管理水平）等因素的影响，砖瓦生产处于时兴时衰、时起时落的不稳定状态。经常处于一方面要满足国家建设需要，增加农民副业收入，而另一方面又不能大量取泥制坯，影响农业生产发展的矛盾之中。

1958 年春，坯源再次不足，中共嘉善县委于 5 月、8 月两次布置社、队发动社员制坯，与此同时，砖瓦公司在魏塘镇利用城墙泥建立地方国营第一机械制坯厂，后又在范泾、凤桐、大云先后建成第二、第三、第四制坯厂，将下甸庙制砖二厂迁建至嘉兴县王店镇，以缓解砖坯供不应求的矛盾。砖和平瓦产量比上年增产，但土瓦产量因农村需求减少而大跌，不及上年的 30％。1959 年起，砖瓦产量急剧下降，生产严重萎缩，1961~1962 年全年砖的产量只及 1953 年一个月的产量。1963~1978 年的 16 年中，全县砖的年产量一直未超过 2 亿块，其中 1969 年只产 985 万块，平瓦一二千万张，砖瓦

图 18　20 世纪 60 年代嘉兴县砖瓦四厂大云分厂窑墩（嘉善县金身强提供）。

产值在全县工业总产值中的比重逐年下降，1978 年为 10%。

　　这期间，嘉善地方窑业通过采用新的生产技术来提高生产效率。1970 年，凤桐公社建成第一座轮窑，土窑渐被淘汰。随之，又先后扩建 10 座轮窑，新建 2 条隧道窑。以乡（镇）办为主体的砖瓦业，普遍采用机械化生产，技术不断改进。采用"内燃砖焙烧"新技术，标准煤耗每万块砖 0.416 吨。到 1988 年，共有乡办以上企业 16 家，有轮窑 11 座，计 264 门，隧道窑 2 座，村办企业尚存少量土窑。有大中型制坯机组 23 台套，半自动压瓦机 15 台等主要设备。乡办以上企业职工 323 人，产值 1399 万元，占建材工业产值的 22.5%，利润 261 万元，固定资产原值 1410.16 万元，生产砖 48100 万块，平瓦、小瓦 12462 万张，主要产品有标准黏土砖、土青砖、平瓦和少量"京砖"。

1979 年 产 砖 恢 复 至 2.72 亿 块，平 瓦 0.25 亿 张。1980~1987 年，由于市场需求增加，砖瓦窑业迎来了短暂的繁荣，砖的产量稳定在 3.5 亿 ~5 亿块，平瓦 0.3 亿张左右。1988 年，全县共有乡办以上砖瓦制造企业 16 户，共拥有轮窑 11 座，隧道窑 2 座，大型制砖瓦机 23 台，村办砖瓦厂 130 户，土窑 280 余座，年产砖 4.81 亿块，平瓦 3844 万张，土瓦 6808 万张。1992 年，乡以上砖瓦制造企业和设备不变，年产砖 2.29 亿块，平瓦 691 万张，土瓦已很少生产。

除传统砖瓦生产之外，新时代的水泥、水泥制品、高温耐火材料、玻璃钢、保温材料等新型建材从 20 世纪 50 年代也开始起步，最终在 20 世纪末完全取代了嘉善的传统砖瓦产品。

水泥：1958 年，西塘、红旗、陶庄公社曾兴办 3 家土水泥厂，因质量低劣，不久便关闭。1970 年 9 月，下甸庙砖瓦厂试产水泥成功，逐渐形成年产 25 万吨简易土窑生产线。1979 年，汾玉公社通过集资、补偿贸易等办法，建成第一家社办水泥厂，年生产能力 1 万吨。1979 年，国营、社办 2 家水泥厂，共有职工 469 人，生产水泥 35228.9 吨，产值 234.13 万元，利润 48.33 万元，固定资产原值 149.57 万元。1981~1983 年，相继办了西塘、干窑、洪溪、下甸庙乡（镇）水泥厂，4 条半机械化立窑生产线，年生产能力各为 3.5 万吨。1984 年底，全县水泥产量 22.32 万吨，产品有 #325、#425 粉煤灰和普通硅酸盐水泥。为提高产品质量、降低能耗，各厂普遍进行了技术改造，共投入资金 200 余万元，先后将土立窑、普立窑改造为机械化立窑生产线，立窑最大直径为2.5 米 × 10 米。1986 年，枫南乡水泥厂建成一条年产 4.5 万吨的机械化立窑生产线。全县形成年产 45 万吨水泥的能力。1988 年，全县水泥厂 7 家，职工 3288 人，生产水泥 42.39 万吨。拥有年产 4 万 ~5 万吨熟料的机械化立窑 6 座、年产 3.5 万吨的普立窑 6 座、磨机 28 台等主要设备，固定资产原值 3659.24 万元，产值 2238 万元，占全县建材工业总产值的 36%，利润 530.5 万元。开发了 425R 号早强型普通硅酸盐水泥。国营嘉善水泥厂和乡办汾玉水泥厂的 425 号普通硅酸盐水泥先后被评为省优质产品。

水泥制品：自 1965 年起，嘉善水泥造船厂、魏塘建筑社、下甸庙砖瓦厂陆续开始生产电杆、农船、门和建筑桁条等 16 种水泥制品。1970~1979 年，全县先后建成洪溪手工业社、交

图 19　位于下甸庙镇的嘉善县水泥厂（嘉善县金身强提供）。

通运输船厂，以及杨庙、洪溪、里泽等公社办和队办水泥制品场 179 家，完成现行价产值 574.9 万元。少数队办场成立时间早于社办场。主要加工预应力多孔板。随着城乡建设的加快和水泥制造业的发展，以社办为主的水泥制品业迅猛发展。1980 年后，大小水泥制品场遍及全县乡（镇）、村。1986 年前后，全县村办以上水泥制品企业接近 300 家。杨庙乡曾一度有集体、联户、户办企业 972 家，因预应力多孔板质量问题，经整顿，数量减少。1988 年，全县水泥制品业加快发展，村办以上企业共有 251 家，其中乡办以上 23 家，职工 920 人，产值 867 万元，占建材工业总产值的 13.9%，利润 75 万元，固定资产原值 496.4 万元。产量 30 多万立方米，产品大部分运销上海及毗邻县市。

耐火材料：20 世纪 50 年代初，清凉庵建有大丰荣石灰厂。1958 年，建立"八一"耐火器材厂，西塘、惠民公社石灰厂，红旗公社建材厂等。但至 1962 年已全部关停。而后下甸庙砖瓦厂恢复生产石灰、陶瓷。大云新庄新建耐火材料厂生产小型耐火器材。

玻璃钢制品：20 世纪 70 年代开始生产玻璃纤维及玻璃钢制品。1971~1979 年，陆续建成嘉善玻璃钢厂、陶瓷厂、石灰厂、玻璃瓶厂、玻璃纤维厂。之后，又相继兴办 4 家规模较大的石灰厂，17 家乡村玻纤厂，4 家保温材料、玻纤制品厂。

1988 年，全县有乡办以上企业 14 家，职工 1338 人，产值 1713 万元，占建材工业总产值的 27.6%，利润 216.70 万元，固定资产原值 706.89 万元。生产玻璃钢制品 356.22 吨、

图20　嘉善玻璃钢总厂大门（嘉善县金身强提供）。

石灰 9802 吨、酚醛绝缘器材 175.20 吨，涂塑窗纱 5080 平方米、保温材料 400 吨、耐火砖 2101 吨。玻璃钢总厂的 2 个产品分别获机械工业部科技成果二等奖和国家计委、经委、科委、财政部颁发的"六五"国家科技攻关奖。

从新中国成立初期到 20 世纪 90 年代，嘉善窑业发生以下变化：一是产品日趋标准化，质量较前下降，青砖青瓦渐趋绝迹。二是燃料原以农作物秸秆为主，现以煤炭为主。三是坯料由农民掼制，代之以砖瓦厂自制机制坯为主。四是生产由以私营为主变为以国营、集体为主，再到除平瓦以国营、乡办集体为主外，砖的生产以乡、村集体为主。五是窑货由以市场销售为主转变为以计划为主，改革开放之后又以市场为主。

20 世纪 90 年代是实心黏土砖瓦烧制的最后时光，以黏土为原料的"秦砖汉瓦"作为中国建筑的传统和主要建筑材料延续了两千多年，这种辉煌是以大量毁坏耕地、破坏生态和污染环境为代价的，在一些地区，大小不等、深浅不一的窑坑遍布，有的窑坑深达七八米，取土后的农田荒凉不堪、寸草不生。"秦砖汉瓦"的香火不能再代代延续了。20 世纪 90 年代末媒体开始号召禁用实心黏土砖，发展新型环保的建筑墙体材料。2000 年开始，实心黏土砖因资源消耗大、耕地资源浪费严重，被国家禁用。2004 年国家再次督促地方淘汰实心黏土砖，国家发改委、国土资源部、建设部、农业部发布《关于印发进一步做好禁止使用实心粘土砖工作的意见的通知》。2005 年 9 月，发布《国务院办公厅关于进一步推进墙体材料革新和推广节能建筑的通知》，到 2010 年底，所有城市都要禁止使用实心黏土砖，全国实心黏土砖年产量控制在 4000 亿块以下。2012 年，国家发改委发布《关于开展"十二五"城市城区限制使用粘土制品县城禁止使用实心粘土砖工作的通知》，到 2015 年，全国 30% 以上的城市实现"限粘"、50% 以上县城实现"禁实"，有序推进乡镇、农村"禁实"工作；同时国家发改委发布《"十二五"墙体材料革新指导意见》，国家经委、国家计委发布《关于发展新型建材的若干意见》等，要求调整建材行业结构。

嘉善砖瓦窑业取土造成的农田破坏和水涝灾害早在清代就已经暴露，历代地方有识之士不断呼吁禁止，民国初年一度禁挖本地泥土，而从邻县购入砖坯。1950~1990 年嘉善在国营或全民所有制条件下全力生产砖瓦支援国家建设，当时泥土资源已经不足。改革开放初期，从国家到地方，从城市

图 21　县正堂
江示永禁挑土碑
（嘉善县朱泉荣
藏、金身强摄）。

到农村，大量建设促使砖瓦窑业进入繁荣时期，全国各地农村普遍自建砖瓦窑，嘉善砖瓦窑业生产也经历了短暂的繁荣。21世纪初，嘉善县在国家的号召下开始逐渐淘汰实心黏土砖的烧制，传统窑业最终趋于消失。

表4　2005年干窑镇尚存的窑墩数及生产情况

单位：座

单位	90年代存在数	尚生产数	现在存在数	仍生产数	备注
干窑村	2	2	2	2	
黎明村	15	15	3	3	
治本村	2	2	2	2	
范泾村	6	6	0	0	
俞曹村	3	3	3	0	
长浜村			1（轮）	1（轮）	轮窑
胡家埭村	1（土）	1（土）	1（95建轮窑）	1（轮）	轮窑
原嘉善砖瓦厂	4（土） 2（隧）	4（土） 2（隧）			
干窑镇砖瓦厂	1（轮）	1（轮）	1（轮）	1（轮）	轮窑
合计	33（土） 2（隧） 1（轮）	33（土） 2（隧） 1（轮）	10（土） 3（轮）	10（土） 3（轮）	

数据来源：《干窑镇志》编纂委员会编《干窑镇志》，中华书局，2010，第751页。

嘉善的建材行业经历了21世纪初的调整，逐渐出现新型建筑材料生产企业，不过已经失去了传统窑业在嘉善工业中的地位。到2006年，建设有18家非黏土类墙体材料生产企业，其中加气混凝土砌块生产企业2家，混凝土砖生产企业11家，蒸压灰砂砖生产企业3家，石膏防火板和石膏条板生产企业 2 家，年生产 2.6 亿块标准砖。到 2010 年，仅剩干窑镇 5 座土窑墩，其中黎明村有 3 座（2 座为和合窑）；干窑村（原治本村）乌桥头的"沈氏和合窑"为 2 座土砖，距今已有 150 多年历史，2005 年 4 月被列为第 5 批省级文物保护单位，出于遗址保护和技艺传承的考虑，其至今仍然被特许工作。

传统砖瓦烧制技艺仍有其存在的意义。首先，古建筑的保护和修缮离不开传统建筑材料。嘉善县洪溪砖瓦厂仍在烧制京砖、城砖、异形砖、长廊栏板砖、简瓦瓦当、板瓦等 50 多种传统建筑材料。该厂在传统砖瓦生产的基础上，重新挖掘、研制生产。古典砖瓦生产工艺复杂，需选用无杂质、无砂质、无铁质的半黏性土，经反复揉和，放入模壳定型，脱模阴干后进窑。其中装窑与火功是关键，需边烧边加水。其产品先后供上海豫园和玉佛寺、嘉定南翔寺塔、镇江金山寺、杭州岳庙、昆明安宁楠园等 100 多个国家级和省级重点文物保护单位使用。受到上海同济大学建筑系、北京故宫博物院古建部、上海文物管理委员会、上海花木公司、浙江省文物局等 18 个单位的好评。

其次，窑业技艺作为一种历史文化，属于人类文化遗产，需要进行保护传承，嘉善县注重挖掘和保护传统文化遗产。2005 年，干窑村的"和合窑"作为嘉善特有的传统窑墩，被列为省级文物保护单位；2009 年，嘉善"京砖烧制技艺"被列为浙江省非物质文化遗产普查十大新发现之一，并于 2009 年 7 月在窑业古镇干窑建立了中国·江南窑文化博物馆。

窑火凝珍

嘉善砖瓦窑业历史文化的传承

图 22 洪溪古典
砖瓦厂（嘉善县
许金海摄）。

054

沪善乡033

嘉善窑业时代变迁的代表：
浙江嘉善砖瓦厂

　　新中国成立初期，为适应恢复国民经济建设需要，1950年4月浙江省建筑公司派人到嘉善县窑区干窑镇租赁窑墩，开办浙江建筑公司砖瓦厂，厂址造在干窑镇黎明村（现北环桥南），9月开始生产平瓦，到1951年3月浙江省手工业改进所遵照上级布置，为了提高砖瓦产品的质量、降低成本，逐步改善传统的生产方式。通过干窑镇地方组织向上海中国砖瓦有限公司租赁该公司的干窑砖瓦厂。浙江省手工业改进所将其改称为"嘉善办事处干窑制瓦实验工场"，场址设在干窑镇小窑港，当年4月开始生产平瓦。该场原系私营华新窑厂，创建于1929年初，设备简陋，厂房不多，抗战时期，由于无力经营，出售给私营上海中国砖瓦有限公司，经数载经营，次第修建，略具规模。新中国成立后，时并时辍，1951年春用作干窑实验场。此后，在生产技术上逐步进行改进，9月装置制瓦坯动力，开始半机械制坯生产。时有生产工人69人，来自干窑地区周围农村，以生产平瓦为主，工人进厂前填写做工自愿书，并经工会同意后工作，管理人员由浙江省手工业改进所调配，同时就地充实吸收部分管理人员。

为了统一领导浙江省的砖瓦工业，1952年3月，浙江省人民政府工业厅决定，将浙江建筑公司砖瓦厂、浙江省手工业改进所嘉善办事处干窑制瓦实验工场合并，定名为"地方国营浙江砖瓦一厂"。是年5~6月又有在干窑的公营新民砖瓦厂、浙赣砖瓦厂等相继并入浙江砖瓦一厂，职工2025人。1953年4月杭州建筑公司砖瓦厂更名为地方国营杭州砖瓦厂（厂址在嘉善县洪溪乡高浜村），1954年10月，并入了地方国营浙江砖瓦一厂。当时，浙江砖瓦一厂的基本特点是：机构庞大，人员多达2000多人。仅管理人员就有400多人，到1956年仍有190多人，虽因地方分散，手工业的生产方式有一定的时间季节局限性，而生产的砖瓦在嘉善县的工业产值中占有重要地位。当时国营产量持续上升，私营则因国家收购量下降约73%而萎缩，私营所占总产比重，砖从上年53%降到22%，平瓦从62%降到15%；私营大型平瓦企业从22家减少到8家。1954年9月成立"砖瓦工人调配处理委员会"，动员窑工迁出窑区，转入农业生产1983人，有的虽未迁出，亦以农业为主、窑业为副，就地转为农业社社员。国营砖瓦一厂职工减至1258人，私营窑商降至91户，从业人员1012人。1956年，国营窑业得到巩固，而私营窑户，上半年只剩下63户，其余都已歇业，从业人员234人，其中私方人员109人，6~7月，对私营窑业实行全行业社会主义改造。

1954年10月27日，撤销浙江砖瓦一厂，组建嘉善砖瓦工业专业公司，下辖干窑制瓦一厂、下甸庙制砖二厂，各公私合营窑业，于1957年合并改组为天凝、清凉、汾玉三个公私合营砖瓦厂，在干窑、下甸庙的公私合营企业则过渡到国营制瓦一厂和制砖二厂，全部企业归属于县砖瓦公司。1961年4月，嘉善与嘉兴两县建制合而复分，同年10月，该厂更名为"浙江嘉善砖瓦厂"。1974年11月经嘉兴地区革委会生产指挥部批准，为地属企业，业务上由地区建筑工程公司管理，党组织干部配备划归所在地县委管理。新中国成立后该厂由个体窑户逐步合并扩建发展而成。建厂前期，工厂规模较大，职工达2000多人，虽因布局地区分散，手工业的生产方式有一定的季节局限性，而砖瓦生产仍在全县工业生产中居重要地位。建厂以来，历尽曲折和坎坷，原始的生产设备和生产方式、繁重的体力劳动，严重地阻碍了生产力发展。1975年，新建75米隧道窑一条，1978年又动工兴建81.3米隧道窑一条，为使隧道窑配套，解决场地不足问题，1976~1979年先后建成8座烘房，1976年开始，因陋就简地安装了一台250型制砖机，1978年底大修改装为500型，产量逐年提高。至此，拥有大中型制砖机2套，四门余热串窑2座，半自动压瓦机9台，具有年产黏土平瓦700万张、标准砖600万块的生产能力，改变了传统的砖瓦生产方式。

实行改革开放后，企业健全了管理制度，重视产品质量，黏土标准砖、黏土平瓦在1978年被省建材局评为质量优胜。黏土平瓦在1978年、1979年连续分别被省、市建材局评

图 23　1960 年
的国营浙江砖瓦
一厂（嘉善县金
身强提供）。

为优质产品。1979 年下半年，企业调整了产品结构，增砖减瓦。1980 年，对老设备进行技术改造，并新增部分设备，为发展生产创造条件。1985 年初厂内筹建"嘉善阀门厂"，生产无填料新型门，当年投产即见效，成为该厂重要的经济支柱。1978 年实行厂长负责制，厂内干部实行聘任制和录用制。同年，企业与市化建公司签订为期四年的承包经营合同，厂内三个砖瓦车间实行工效挂钩责任制，门车间实行风险承包，机修车间于次年实行招标承包。1988 年，有职工 489 人，产值 261.10 万元，利润 37 万元，固定资产原值 242.16 万元，被评为市级先进企业。

　　1992 年 8 月 27 日，嘉兴市计委同意"嘉善砖瓦厂"更名为"嘉兴化工建材厂"。1996 年，市场经济快速发展，在质量、价格、成本和管理等制约下，嘉善大部分建材企业由于资金短缺，开开停停，面临关闭，步履艰难。是年，8家企业工业总产值10329万元，5家企业亏损880.77万元，3家企业利润仅19.02万元。1997年7月至2003年，5家企业依法破产，2家企业歇业关闭，1家企业整体资产拍卖出售。

1997年1月15日，县计经委发文，嘉兴化工建材厂自1996年11月30日起，其资产和隶属关系归属县工业局主管。1998年1月22日，嘉兴化工建材厂部分资产出让，分立改制。同年8月6日，原嘉兴化工建材厂门机修部分资产转让给嘉善四方阀门厂。2000年8月9日，经法院裁决，嘉兴化工建材厂破产，2001年9月12日裁定该企业破产终结。同年12月19日，中共嘉善县委批复，撤销"中共嘉兴化工建材厂委员会"建制。2002年11月27日，县地价评估事务所对该厂土地抵社保价格评估、抵偿物评估价值994.52万元，设定抵金额795.62万元。

新中国成立之初，为支援国家建设，嘉善地方将分散的砖瓦生产力整合为国营砖瓦一厂，进而改名为地方国营浙江嘉善砖瓦厂，抗日战争以来破败凋敝的窑业重新焕发生机；改革开放以后，经历短暂的繁荣，随后在全国性的农村小砖瓦窑和新型建材的竞争下被时代所淘汰。浙江嘉善砖瓦厂的破产代表了嘉善地方传承两千年的传统砖瓦窑业的生产价值的结束。

嘉善窑业在
新时代的传承

嘉善窑业,历史悠久,窑货风貌独特,种类颇多,据不完全统计,有普通砖20多种,花式砖10多种,普通瓦近20种,花式瓦10多种,其中有干窑生产于明代的著名品牌"定超"、"明富"京砖和干窑沈氏祖传砖窑烧制的"沈永茂定造京砖"。嘉善干窑辖内泥质细腻,土壤含铝量较高,为他处所不及,所制京砖质地坚硬密实,敲之有声、断之无孔,是宫殿、大厅、宝塔、古式民居及砖雕照壁和铺设地面等建筑的优质材料。据现有实物查勘,窑货因用途各异而品种繁多,可分为普通砖、花式砖、普通瓦、花色瓦四大类。

表5　嘉善砖瓦品类表

货别	名称	用途
普通砖	八寸半	砌墙
	二五十	砌墙,大都由户自定
	九寸砖	砌墙
	八寸砖	砌墙
	干三	砌墙与九寸砖相同
	善三	砌墙抗战后新产
	二二	砌墙清代采用颇广,现已少见
	廿斤头	砌墙清代采用颇广,现已少见
	三砖	砌墙抗战后新产

货别	名称	用途
	KS砖	砌墙，又称标准砖
	十寸头	砌墙
	二寸	
	杭塈	屋面用
	海塈	屋面用
	夹五斤	贴泥墙砌灶、屋面出线用
	花砖	铺地、以水泥制成面、有图案
	大号方砖	铺地
	1寸桔郎砖	用以砌墙、门堂、园洞等用
	合方桔郎砖	用以砌墙、门堂、园洞等用
	八吉黄道	腰壁用
	定胜黄道	腰壁用、砌坟基转角处
	大号黄道	砌平房单墙
	台丘黄道	铺场地用
	夹铺头	落地铺面
	三十方	筑墩用
	尺八方	筑墩用
	夹尺四	筑墩用
	单尺四	江粉厂用
花式砖	顶龙	江粉厂用
	金凳子	杂用以助美观
	扬州方	杂用以助美观
	人九方	杂用以助美观
	薄面砖	杂用以助美观

续表

货别	名称	用途
普通瓦	大反水	屋面用
	中反水	屋面用
	大印进	屋面出檐及屋面用
	中印进	屋面出檐及屋面用
	天蝴蝶	屋面用，已失传
	花边	屋面出檐及屋面用
	滴水	屋面出檐底用
	24两瓦	屋面用
	22两瓦	屋面用
	16两瓦	屋面用
	天沟瓦	屋面用
	斜沟瓦	屋面用
	弓形瓦	屋面用
	脊瓦	屋面用
	一号平瓦	屋面用
	二号平瓦	屋面用
	三号平瓦	屋面，用者较少
	西班瓦	宫殿式屋面用，用者较少
花色瓦	头统勾	出檐用
	二统勾	出檐用
	太史勾	出檐用
	头通同	俗称筒瓦，亭台殿阁用

续表

货别	名称	用途
	二通同	俗称筒瓦，亭台殿阁用
	太史同	俗称筒瓦，亭台殿阁用
	七寸同	俗称筒瓦，亭台殿阁用
	五寸同	俗称筒瓦，亭台殿阁用
	二寸同	俗称筒瓦，亭台殿阁用
	五寸走水	俗称筒瓦，亭台殿阁用
	三寸走水	俗称筒瓦，亭台殿阁用
	头通鸡	屋脊二头俗称屋鸡（步鸡）
	二通鸡	屋脊二头俗称屋鸡（步鸡）
	三通鸡	屋脊二头俗称屋鸡（步鸡）

数据来源：嘉善县志编纂委员会编《嘉善县志》，上海三联书店，1992，第1166页。

　　随着时代的发展，建筑材料的创新，秦砖汉瓦将成绝唱，这是历史的必然。任何传统民间艺术的存在与发展，都有其特定的时代环境。物质生活的改变与市场经济的冲击，必然导致部分传统民间艺术的萎缩甚至消亡。现在，嘉善县的土窑大部分已被淘汰，这些均是不可再生的宝贵资源。随着作为窑文化重要载体的窑墩大量被淘汰，作为传统的盘窑技艺，京砖、瓦当生产技艺，也将随着老窑工的逝去而消失。到2010年，干窑镇仅剩5座土窑墩，位于黎明村和干窑村，其中黎明村有3座；干窑村乌桥头的"沈氏和合窑"为2座土砖窑，距今已有150多年历史，被称为"活遗址"，2005年4月被列为第5批省级文物保护单位，是嘉善窑文化的标志和浙江省手工业作坊的历史性代表。土砖窑、瓦当、京砖及其生产技艺和习俗，传承的是民族文化的基因。这些传统、习俗，强烈地唤起我们共同的悲欢；讲述着这个民族、这个地域曾经辉煌的历史，这也是中华民族生生不息的力量所在。嘉善的窑文化属于人类文化遗产，有着悠久历史的嘉善窑文化，是迫切需要我们子孙后代好好保护和传承的。

干窑镇从明代以来始终是整个嘉善窑业发展的中心，发挥了举足轻重的作用，带动了一方经济的发展。这里的砖瓦窑文化不仅包括窑业生产特有的技艺，如砖窑建筑技艺、瓦当生产技艺、京砖生产技艺等，还包括瓦当砖雕文化、窑乡民间故事传说、窑工生活习俗等。干窑的"窑文化"是民间

图24　新中国成立初期干窑窑墩（嘉善县金身强提供）。

文化百花园中的一朵奇葩，形成了江南水乡独具特色的砖瓦窑业文化。嘉善县将干窑作为嘉善窑文化的传承地开展保护性工作。21世纪初，在响应国家号召淘汰传统实心黏土砖烧制和土窑技术的同时，嘉善县着手对自宋代以来延续了千年的当地窑文化进行调查、研究和保护。为了使传统的生产、烧制技艺得以传承，嘉善政府和民间开展了诸多工作。

保护窑文化现有遗存

（一）嘉善县土窑代表性的"和合窑"遗址

和合窑是一种两窑相连的双体古窑墩，有两个单独的烟囱、两个单独的火门，但合用一张砖梯、一个窑屋。建筑时省土地、省材料、省资金。在实际烧窑时，一窑的余温可以被另一窑利用，省预热燃料。"和合"即为"和""合"二神，比喻夫妻和谐、鱼水相得、福禄无穷，所谓"家和万事兴"，民间亦称"一团和气"，土砖窑通过"和""合"两字的谐音寄寓了浓厚的吉祥之意。

干窑镇仅剩5座土窑墩，其中黎明村有3座，2座为和合窑；干窑村乌桥头2座为和合窑。干窑村的一座和合窑，2005年4月被列为第五批省级文物保护单位，作为嘉善窑文化的标志和浙江省手工业作坊的历史性代表。此窑位于干窑村治本乌桥头135号的治本园林古建筑材料厂，该厂前身为清代沈东窑，是乌桥沈家祖辈相传的产业，已经有150多年的历史。2000年，窑主沈步云把窑墩重新购回，并设法恢复传统工艺。2001 年，停产多年的京砖在老窑工们的努力下重新恢复生产。沈家接管治本园林建筑材料厂后，先后投资 10 多万元，使小京砖泥坯制作、泥坯打磨实现机械化操作，大大提高了工作效率。和合窑是一种"复式窑"，可以砖瓦混合烧。在烧制京砖的同时，恢复生产瓦当。其烧制的平瓦、小瓦、青砖、方砖、京砖、滴水瓦、挂檐瓦、凤凰角、二龙戏珠、花古砖等这些古色古香的砖瓦已走向全国各地，成为一些知名景点、庙宇等古建筑中的一部分。

"京砖"烧制技艺 2007 年被列入省级非物质文化遗产名录，2009 年被列入浙江省非物质文化遗产普查十大新发现之一。2011 年，"京砖"烧制技艺项目保护传承单位——和合窑被列入浙江省非物质文化遗产生产性保护基地。2020 年，历经百余年窑火不熄的沈家窑，凭借着出色的工艺和深厚的历史文化积淀成为"建党百年砖"烧制单位。

干窑村的"和合窑"被列为省级文物保护单位，为嘉善京砖的主要生产地干窑镇的窑文化研究和推广注入了新动力，也为窑文化的发扬与传承迎来了新机遇。

未来嘉善县需要对所有土窑墩遗存进一步开展普查，从整体上予以保护利用、布局和规划。曾经号称"千窑"的干窑，目前能正常使用的窑墩仅存 5 座，另外还有一些分散在各处已经废弃的窑墩遗存，干窑镇市河（黎明村段）两岸沿线就集聚着一定数量的窑墩。这些已经废弃的窑墩遗存，因年久失修，均残损严重、破败不堪，经初步踏勘，约 1 公里

图 25　干窑村的
浙江省文保单位
沈家"和合窑"
（嘉善县金身强
提供）。

图 26 黎明村废弃的窑墩（嘉善县金身强摄）。

的路段内有窑墩遗存七八座之多。尽管已采取了一些保护性措施（主要是安全警示），但力度和效果仍远远不够。这些废弃的窑墩同样具有可挖掘的窑文化价值，需要政策支持以完成进一步的保护规划，将基本处于废弃状态的土窑予以充分利用，使"窑文化"保护传承达到预期效果。未来需要干窑镇和县博物馆对接，对窑墩遗存表面的树和草进行清理维护，并落实专项经费，聘请专业施工团队，对部分存在进一步损毁可能和安全隐患的窑墩进行抢救性维修。结合美丽乡村建设和全域旅游发展规划，采取更多更有效的抢救性、科学化保护行动。

受生态环境要素制约需统筹开发窑业。沈家窑作为省级"双遗产"单位，是全县"窑文化"重要展示点，2020年沈家窑光荣地承接了"建党百年"砖的烧制任务，在窑文化保护和传承中添上了浓墨重彩的一笔。目前，沈家窑存在生产现场环境较为杂乱、物品摆放无序、污水排放不达标等问题，作为市级非遗体验点，其参观路线及展示内容未能实现统筹谋划，未体现出其应有的利用价值。同时，窑文化的挖掘离"文化"标识的愿景差距较远，仅满足生产功能，文化展示和传承等功能较弱。为此，如何挖掘窑文化的价值，需要花更大的精力、有较大的投入，这些都是挖掘窑文化、推进文化名镇建设中面临的困难和问题。

（二）"京砖"烧制技艺

京砖，是明清时期专为皇宫烧制的细料方砖。其颗粒细腻，质地密实，敲之作金石之声，称"金砖"，又因砖运北京的京仓，供皇宫专用，也称"京砖"……而后逐渐走向民间富户。明清时期皇宫专用京砖供应地并不包括嘉善，嘉善出产的京砖应该是供应民间使用的。明清两朝是干窑京砖的黄金时代，江南各地建筑都以使用干窑砖瓦为荣。干窑作为中国建筑材料专业市镇和江南窑业中心，其京砖在明清时期还有许多著名品牌，如明代时江泾村吕家的"明货"字号京砖和邵家、陆家的"定超"字号京砖，清代治本村沈家的"沈永茂"号京砖。在今天的上海豫园内保存有一块长达122厘米、重达400多公斤的被称为"砖王"的京砖，那就是邵家窑出品。

干窑的京砖烧制与苏州陆慕御窑的工艺同样烦琐，需要经过取土、制坯、烧制、出窑、打磨和泡油等数道工序。每一道大的工序下还包含很多道小工序，这些大大小小的工序加在一起，使得京砖的制作变成一件奢侈的事情。京砖的制作过程如下。

取土：单是这第一步，就能看出京砖生产程序之复杂和要求之严格。取土之前先要选土，只有有经验的师傅才能看出哪里的土不仅具有黏性而且含铝量较高，可以磨成粉末。选好土之后，还要经过掘、运、晒、椎、浆、磨、筛等七道工序才算完成，耗时将长达8个月之久。

制坯：把备好的泥土，用半手工半机械的方式制成砖坯。普通的京砖，只要按照需要的尺寸和厚度把泥土制成坯块即可。比较复杂的是那些有特殊工艺要求的花砖，比如有的砖

图 27　清代治本
村沈家的"沈永
茂"号京砖（嘉
善县金身强藏）。

上需要绘制图案，为了让烧制出来的图案生动逼真，就要求在制坯时对图案的刻画把握得恰到好处。

烧制：京砖的烧制过程十分讲究。坯入窑后，点燃窑火的过程很复杂。一般为砻糠（谷糠壳）熏1个月、片柴烧1个月、棵柴（细的木材）烧1个月、松枝柴烧40天等四个环节（现在一般都用谷糠与木材边皮料烧制）。经过四种不同燃料的燃烧，在耗时130天之后，方可窨水出窑。所谓窨水，指的是一窑砖烧好后，必须往窑里浇水降温。这些浇向窑里的水，得由窑工们沿着窑墩外那条又陡又高的砖梯挑到窑顶，再从窑顶浇入窑中。

出窑：出窑的日子，小小的窑腹里灰尘弥漫，异常呛人。在出窑之前，虽然已往窑中浇水降温四五天，但窑中温度仍然很高，长时间烧制过的京砖更是炙热难当。一块块又烫又重的京砖在工人们手里飞快地被传递着。为了督促同伴加快速度，同时，也是为了给自己鼓劲，工人们在搬卸京砖时，嘴里会发出一种奇怪的嗌嗌声。在炎热的窑中劳作，女窑工很快就满脸汗水，飞扬的尘土扑到脸上，原本"艳于花"的女子，刹那间也乌黑如煤灰。

打磨：刚从窑里搬出来的京砖还只能算是璞一样的半成品，看上去就是青灰色的，表面非常粗糙，要让它成为光彩照人的玉，还得花一番心血进行细致打磨。经过打磨的成品，呈现出一种纯正的黛青色，其体积相当于普通红砖的数倍。砖面平整，人们甚至能隐约从砖面上看到自己的影子，以手敲击，会发出清脆的类似金石的声响。京砖的打磨是运用极

图 28 京砖烧制
中"装窑"环节
（嘉善县金身强
提供）。

其简单的工具，在一个圆形的水槽里进行，一边磨，一边冲水，不仅要让京砖表面变得平滑，还要让它使用时间越长，反而越加光亮，甚至可以当镜子用——不过，遗憾的是，让京砖变得像镜面一样的打磨技术，如今已失传。

泡油：打磨之后的京砖，要一块块地浸泡在桐油里。桐油不仅能使京砖光泽鲜亮，还能够延长它的使用寿命。

以上几道工序，需要数十个技术工人辛辛苦苦干上一年多，而每座窑一次能够生产的京砖最多不超过 7000 块，其中还有一定比例的次品和废品，每块砖在当时能卖 50 两银子。

2007 年，京砖烧制技艺被列入省级非物质文化遗产名录，京砖烧制技艺传承人沈步云被评为第三批省级非遗代表性传承人。2009 年京砖烧制技艺被列入浙江省非物质文化遗产普查十大新发现之一。2018 年，京砖烧制技艺入选第一批浙江省传统工艺振兴目录。

干窑镇政府相关部门为挖掘该省级非遗项目的价值找到了沈步云、沈刚、沈君慧、颜松林、陆海明、邵凤祥、杨成龙等一批传承人，并依靠技艺传承人，完成了对传统工艺的复原和保护，其中以沈家窑为主。沈家窑有 200 多年历史，从各种规格的京砖、各种形式的瓦片和各种尺寸的砖头的生产、烧制到销售都有一套业务娴熟的专业班子。目前沈家窑有职工 36 人，年销售京砖 13 万块，瓦片销售 300 万张，普通砖销售 100 万块。年产值约 30 余万元。产品远销山东、上海、徐州、杭州，以及横店影视城、平湖报本寺、湖州高峰禅寺等地及本地的一些古镇旅游景区，由于产品质量上乘，很受客户欢迎。

然而，虽然暂时完成了对传统窑业技术的恢复，但窑业技术传承人年龄结构老化，都年事已高，属祖辈级人物。随着年龄的增加，他们的体力、记忆力等都在急速地衰退，窑业技术传承面临青黄不接的窘境；同时，窑艺这一窑文化的生命力正在减弱，掌握窑工艺术的老窑工已所存无几，作为传统的京砖、瓦当的生产技艺，也将随之消失，如今已濒临优秀传统工艺失传的边缘。未来需要政府制定相关激励政策，推动窑业技术的代际传承，不管是通过传统的父子相传还是有志者拜师的形式。

土窑墩保护性烧制砖瓦，应在保证技术传承的同时，坚守生态绿色这一底线，让窑文化走可持续发展之路。未来需要改进生产工艺，改变相对粗放的生产方式。干窑镇正在更新规划，结合当前环保新态势下污水、噪声处理方面存在的问题，重点对沈家窑生产工艺进行提升，并通过生产流线和参观流线的整合，优化现场"窑文化"的环境氛围。

（三）"近代民族工业遗址"：陶新机制瓦厂

陶新机制瓦厂遗址位于干窑镇三仙路南侧，南临凤桐港，占地面积1000平方米。该遗址是嘉善最早有记载的民族工业，也是浙江省第一张国产平瓦的诞生地。国产平瓦的诞生，打破了外国垄断中国平瓦市场的局面，同时也反映和见证了近现代中国民族工业的发展。该遗址现存运坯码头一座，有9个台阶，长3.75米，宽4.1米，是制坯车间所在地，外地运来的黏土在此制成平瓦坯后被运到窑墩烧制。1918年，干窑商民潘啸湖等人仿制"洋瓦"成功，筹集股本2万元，创建陶新机制瓦厂，投产后获利颇丰，继起者有泰山、生泰、华新等机制瓦厂，其平瓦质量均可与洋货相伯仲。

（四）建设窑文化博物馆

江南窑文化博物馆位于嘉善县干窑镇文化中心内，馆内收藏了从宋代至当代的各类砖瓦及砖瓦类艺术品百余件。博物馆共分为六大部分：古代砖雕艺术品、古代瓦当艺术品、古代砖瓦类艺术品、古代窑业劳动工具、现代砖瓦类艺术品、现代泥塑场景。其中，古代砖雕艺术品共收藏有9块古代砖雕、28件古代瓦当，其中不乏稀有精品；古代砖瓦类艺术品包括大量与历代窑业文化发展中形成的民俗、习俗、信仰相关的工艺品，件件都是精品；1917年陶新砖瓦厂烧制的我国第一张平瓦——"双马牌"平瓦也陈列其中。博物馆通过实物、资料、图片等全面展示了干窑窑业发展的历史和富有历史底蕴的窑文化。

经过10余年的发展，江南窑文化博物馆的空间不足问题凸显，建立新窑文化中心陈馆迫在眉睫。干窑镇已经规划好的新窑文化中心坐落于今沈家窑西侧地块，占地38亩，建筑面积7000平方米，总投资约2.4亿元，将打造有辨识度的

图 29　干窑镇的江南窑文化博物馆（图片来自《干窑镇志》）。

综合性文化中心（博物馆）。[1] 建成后将通过征集、典藏、陈列和研究窑文化，介绍砖窑业生产、历史功绩、传承等内容，让人们感受到窑文化的独特魅力。

1 中国人民政治协商会议浙江省嘉善县委员会第十五届一次提案《"薪火相传"窑文化的保护和传承》，嘉善县政协官网，2022 年 8 月 30 日，http://www.jszx.net/article/show/id/4640/cid/7.html，最后查阅日期：2022 年 9 月 22 日。

传承和宣传窑文化

（一）出版窑文化书籍，服务窑文化传承人

为了更好地传承和保护窑文化，干窑镇专门邀请老窑工、民间爱好瓦当收集名家、懂行的学校教师和文化部门有关专家等回忆、讲述、挖掘、整理有关窑文化的历史传说、民谣故事，并且通过文字、摄影、录像记录下有关京砖、瓦当的传统生产技艺。2010年，由县文化馆金天麟老师撰写的《窑乡的文化记忆》正式出版，成为宣传和传播"窑文化"的一张名片，并被市人民政府授予第十五届社会科学优秀成果一等奖荣誉称号。

干窑镇还专门成立了非物质文化遗产普查工作组，定期召开文保员工作会议，对下属9个行政村、3个社区工作人员加强工作指导。同时，建立了一支传承人队伍，包括省级代表传承人沈步云、市级传承人沈君慧，还有沈刚及窑工等10余人。加强非物质文化遗产保护队伍建设，持续做好非遗传承人服务，组织开展"八个一"非遗传承人服务项目，通过

走访慰问传承人、发放传承人政府补贴、召开传承人座谈会、组织传承人体检、举办传承人技艺展示、组织传承人专题采访报道、落实一项传承传习措施、制定一年传习活动计划等，有效地解决非遗传承人在日常传习活动中面临的困难，实现对非遗传承人的常态化服务。另外，还成立了干窑镇非遗文化志愿者队伍，吸收以"五老"为代表的社会各方人士，积极投身非遗公益活动，使干窑非遗得到更好的保护、传承和发展。

未来应该通过编撰窑文化书籍等挖掘窑文化的价值，专注"窑文化"学术研究，邀请老窑工、民间爱好瓦当收集名家、懂行的学校教师和文化部门有关专家学者等，回忆、讲述、挖掘、整理有关窑文化的历史、故事，并通过文字、摄影、录像记录下有关京砖、瓦当的传统生产技艺，系统地挖掘、梳理出版新版《窑乡的文化记忆》，以图文并茂的方式全方位展示窑文化。

（二）开展"窑文化建设"项目，加强本地中小学学生"窑文化"的乡土教育

在干窑中学成为第一批"嘉善县非物质文化遗产项目窑文化传承教学基地"的基础上，干窑小学、干窑实验幼儿园都在积极申报成为县级京砖非遗教学基地，并结合乡村旅游和非遗保护，建设"不熄的窑火"非遗体验馆、"不熄的窑火"名师工作室等公共文化阵地，发挥沈家窑作为浙江省非物质文化遗产生产性保护基地、爱国主义教育基地的作用，

使砖瓦烧制技艺得以传承。同时，把窑文化内容编入乡土教材，在干窑中学、干窑小学劳技课中开设瓦当、陶艺手工制作课，调动学生了解窑文化、动手制作京砖和瓦当等的积极性，培养兴趣，增进知识。同时将"窑火传承"综合实践课程向泥塑、园艺、陶艺等领域进行拓展。

2010年初制定的学校三年发展规划中将"窑文化建设"项目作为自主发展性项目之一。学校成立了窑文化建设领导小组，明确窑文化项目负责人，安排校本课程专职教师，保障窑文化活动的正常开展。同时建设了学校窑文化陈列室和窑文化工作室。窑文化陈列室内既有学生收集的瓦当，也有德育基地赠送的陈列品，还有部分历史照片。窑文化工作室内置办了一系列的开展窑文化实践操作所需的器材。另外，在窑文化工作室旁的学生实践场地设置了"不熄的窑火"大型宣传牌；在南教学楼设置了具有窑乡风韵的大型宣传牌、图片长廊。学校开展了各种窑乡文化主题活动，营造浓郁的窑乡气氛。先后举办了"陶文化的探究"讲座；"我爱窑乡"征文活动；"窑乡故事"演讲比赛；多次组织学生参观学校德育基地——治本村的窑墩、干窑镇窑文化博物馆等窑文化传承基地，通过对老窑工的访谈，了解窑工职业的酸甜苦辣，了解窑业兴衰历史，并在实践活动中提升学生的社会交际能力，增进学生热爱家乡的美好情感。

学校结合体艺"2+1"活动，成立窑文化制作兴趣小组，开展相应的实践制作活动。2010年，兴趣小组已有作品236件，其中师生合作的作品153件，学生作品83件。学校还编写了《窑文化》宣传册、《不熄的窑火》校本课程教材，选送市级立项课题"以传承窑乡文化为载体的综合实践活动研究"。综合实践活动成果在嘉兴市第五届综合实践活动成果展示评比中获得第一名，同时获得省二等奖。

"窑文化建设"活动以传承古老的窑乡传统工艺为主题，让学生了解家乡文化，增强自觉传承家乡传统文化的意识。与此同时，加强窑文化传承基地的建设，彰显学校艺术特色和地域文化特征。

（三）开展窑文化相关的学术和文艺活动

2008年9月23日，中国江南（嘉善）窑文化研究会在干窑镇成立，成员20余人，会长陆志荣，副会长董纪法，秘书长谈萍莉。研究会主要就干窑窑业发展历史与现状，以及窑文化的挖掘、宣传、弘扬、旅游开发等开展研究。与会的嘉

图30 干窑镇中学的窑艺实践课（嘉善县金身强提供）。

善县民间文艺专家和民间文艺工作者通过对产生"千军万马与千砖万瓦"传说的龙庄寺、省级文物保护单位干窑村和合窑、始建于明代万历年间的晋贤桥等地的参观和评析，实地感受"窑文化"这一独具特色的民间文化奇葩。并对如何保护与利用窑文化，特别是如何与民俗旅游相结合提出了具体的建议。是年，干窑镇党委、县文化局共同举办"干窑窑文化展在吴镇纪念馆开展"。2009 年 10 月，干窑镇还成功注册了"千窑瓦都"商标（含旅游开发等十大类）。

2009 年 6 月，京砖烧制技艺成功被列为浙江省非遗普查十大新发现之一，同时被列入省级非物质文化遗产名录。以此为契机，干窑镇举办了以"传承窑乡文化　推进经济发展"为主题的"2009 中国·干窑江南窑文化节"，举行了"敬窑神、祭六眼"窑俗表演等活动，2010 年，举办了嘉善·窑乡道德风尚节。2012 年举办了第二届以"品鉴窑乡文韵·共创美好家园"为主题的窑文化节。连续几年开展的干窑窑文化节系列活动，分为"挖掘窑文化""传播窑文化""深耕窑文化"三个篇章，以寻味、寻梦、寻根、寻彩为内容，进一步提升"窑文化"的活力，全面打造"窑文化"品牌升级版，为精美干窑建设提供有力支撑。

同时，还开展了"窑文化的探究"讲座、"我爱窑乡"征文活动、"窑乡故事"演讲比赛、玩转京砖等非遗传承活动。积极贯彻落实县委、县政府发布的《推动文化大发展大繁荣的实施意见》，重点发掘、抢救和传承京砖烧制技艺，不断推进非物质文化遗产的"活态"传承。窑文化先后被中央电

图 31 2009 年
的中国·干窑江
南窑文化节（图
片来自《干窑镇
志》）。

图32 2021 年在干窑村和合窑烧制了"建党百年砖",庆祝中国共产党建党100周年,上图为砖坯,下图为成砖(图片来自嘉兴在线网)。

视台、《人民日报》等媒体报道，还吸引了海外媒体的关注。邀请知名摄影家来干窑拍摄的窑文化摄影作品，斩获"全球摄影"等各类国际大奖，进一步提升了窑文化的知名度和影响力。同时，围绕窑文化排演了一批特色精品节目，如舞蹈《红红的窑火》、舞龙《神龙窑》、舞蹈《窑红》、舞蹈《不熄的窑火》、群口故事《三难亲家公》、宣卷《窑魂》等，相继登上了省市县舞台，将窑文化的韵味充分展示了出来。

开展系列文化活动弘扬窑文化。例如，2021年以庆祝建党百年为契机，每个季度开展声势浩大的文化活动，着力打造"窑红四季"文化品牌；深入创作一批特色精品节目，如舞蹈《我的百年梦》、舞蹈《不熄的窑火》、宣卷《窑魂》、诗朗诵《百年，这里窑火不竭》等；依托镇里的三所窑文化教育基地、江南窑文化博物馆、沈家窑、戴家窑等窑文化学习阵地，利用窑文化非遗传习教室，组织开展窑文化特色教学、研学活动，通过"窑文化的探究"讲座、"我爱窑乡"征文活动、"窑乡故事"培训班等传承和弘扬窑文化。

（四）开发"窑文化"特色民俗旅游，发展文创产品

"窑乡"干窑有窑业生产的各种技艺、特有的各种民俗，如土窑及其盘制、土坯制作、京砖制作、瓦当制作和特有的窑业生产民俗、窑工服饰民俗、饮食民俗等。敬窑神、串马灯等均有其独特之处。挖掘出来，并充分展示其文化内涵，是极具价值的。瓦当制作、京砖制作等民俗活动可以让人们在参与的过程中亲自感受窑工生产习俗。

发展窑乡民俗旅游，开发窑乡民间工艺品，如可以对京砖、瓦当、土窑等进行文创设计。同时挖掘窑乡饮食文化，特别是窑工的特色饮食，如窑工吃的"砂锅馄饨鸭""人物云片糕"。发展窑乡民俗游，是文化和经济的最佳结合点之一，有利于保护和发展"窑文化"，宣传和推进"窑文化名镇"建设。

开发文创产品，创新窑文化。京砖烧制技艺作为省级非遗项目曾入选第一批浙江省传统工艺振兴目录，被列为2019年嘉善县十大乡村文旅产品之一，2020年入选第二批省优秀非遗旅游商品，有效提升了"京砖"的附加值。目前，结合市场需求，沈家窑创新开发了红船精神、核心价值观、不忘初心、牢记使命等各类主题的京砖衍生产品。但是，这类京砖产品创新层次低，携带不方便，实用性不高，再加上做工相对粗糙，目前整体销售情况不理想。希望县级相关部门能够牵线搭桥，携手高校、社会组织、文化名人开展交流合作，致力于推动"江南窑文化"衍生出更多的文创精品。

（五）鼓励和支持民间窑文化传承和保护工作

江南瓦当陈列馆位于古镇西塘西街51号，是干窑镇民间瓦当收藏者董纪法先生于1998年开设的。董纪法搞瓦当收藏已有20多载。陈列馆内展示了他20多年来收集的3000多件、300多个品种的瓦当，包括脊瓦、滴水、哺鸡、陶俑等，造型各异，各显风姿。滴水瓦是瓦当馆的重要收藏品类之一，陈列有桃花、荷花、梅花、菊花等花卉图案以及"龙凤戏水""年年有余""天下太平多子多孙""缠枝连理"等品种。陈列馆还展示了制作瓦当、滴水瓦的生产模具以及屋檐翘角、陶俑等砖瓦小构件。除瓦当和瓦以外，馆内还有花砖、中空砖、方砖、台砖、黄道砖和京砖等十多种。除砖瓦以外，还陈列有舂米用的撺臼和踏臼、文人用的笔筒、厨房用的筷笼和陶制的盆罐等，其已成为西塘古镇颇具特色的专题博物馆。

干窑的老窑工朱海林开发制作的微型瓦当"花边""滴水"等为园林部门修理古建筑所用，有较好的发展前景。秦砖汉瓦的瓦当，是传统意义很强的民间艺术品，既可以成为观赏品，也可以成为珍贵的礼品和工艺品，这有助于"窑文化"的推陈出新。对于嘉善干窑"窑文化"的保护和传承工作，开发瓦当工艺品是一个很好的切入点。

（六）挖掘窑文化相关民俗活动，保持窑文化的丰富性

2009 年 10 月窑文化节期间，沈家窑前举行了古老的窑俗仪式表演。充满民俗文化气息的"敬窑神、祭六眼"点火仪式还原了古窑的生产场景，展示了窑文化的独特魅力。

仪式开始，几名窑工搬来几块土坯垒成方桌，然后由德高望重的老窑工供上鲁班雕像。"请窑神！"随着主祭人一声令下，一名老窑工手捧"窑神"从窑墩里走出，身后两名老窑工手持"乌泥变宝玉，窑门出黄金"的红色对联。供台上放一个猪头、一只鸡、一条鱼等供品，俗称"六眼"，因为土窑也有"六只眼"——窑门、烟囱、顶部加水处、观火洞和窑底两个洞。"六眼通，窑火旺，周时短……"在叩拜"窑

神"时，所有窑工都跟着老窑工念念有词。随后，窑工们齐声喊道："喝点火酒！"喝过酒，只见烧窑工手持稻草扎成的火把，进窑点火。除了庄严的点火仪式，窑工们还展示了瓦当制作和京砖坯制作的传统技艺。干窑生产的瓦当图案非常丰富，寓意深邃而广博；京砖制作要经过取土、制坯、排潮、打紧火、染烟、加水等30多道工序。干窑京砖质地细腻、乌光发亮，历经多年也不会泛黄，是古建筑修复的最佳材料。如今，一排排炭色的平瓦、青色的京砖再次走向全国各地，为一些知名景点、庙宇等古建筑增添古色古香。这一窑俗仪式确是难得一见。

（七）干窑镇作为窑文化传承地应该积极宣传和推进"窑文化名镇"建设

干窑镇建成了镇文化中心、嘉善县图书馆干窑分馆和中国江南窑文化博物馆，并完成了文化广场改建工程。与此同时，加强村文化阵地的建设和管理；挖掘民间文艺，组建文体队伍，创作文艺节目，开展群众性文化活动；帮助企业建设文化阵地，拓展企业文化建设领域；组织开展文化、科技、卫生、计生和法律"五下乡"活动；组织参加全县十万农民"种文化"活动等各类赛事。

干窑镇还在全国第四个"文化遗产日"前，组织窑乡艺术团参加县非物质文化遗产专场文艺演出；依托江南窑文化研究会，举办江南窑文化论坛，打响"窑文化"品牌；《窑乡的文化记忆》出版发行，在每期镇报窑文化专版上陆续刊登；

注重在镇村青年干部中"种文化",使文化在农村青年干部中"生根发芽";成立以大学生村官为主的"蒲公英"乐坊;积极筹措资金组织力量抢救江南水乡仅存的县级文保点长生村让巷船坞;做好文化中心申报省级东海明珠工程迎检工作,着重开展以图书馆分馆为重点的乡镇综合文化站建设。

在对内对外宣传方面,干窑镇注重窑文化、精品高效农业和青年大学生创业基地等亮点工作宣传。首届窑文化节上的"敬窑神、祭六眼"窑俗仪式表演、江南窑文化展、"窑乡韵"五人书法展等受到各界人士关注,接受省内 10 多家媒体的采访,被省内外数十家媒体转载。窑文化节中经贸洽谈会的成功举办和全县"十万农民种文化"优秀节目展演活动的顺利承办等真正体现了"传承窑乡文化、推动经济发展"的主旨。精心制作各类体现干窑特色的外宣品,以提高干窑镇的知名度和美誉度。此外,县民间文艺家协会主席金天麟撰写的论文《浙江嘉善县干窑窑文化的考察与研究》入选于 2009 年 11 月 5~9 日在温州泰顺召开的中国东南地域文化国际研讨会,这是干窑窑文化研究的论文首次登上国际学术论坛,受到来自新加坡、美国、中国大陆和中国台湾的一些学者的关注。

图书在版编目（CIP）数据

嘉善砖瓦窑业历史文化的传承 / 张宁著. -- 北京：
社会科学文献出版社, 2023.3
（窑火凝珍 / 刘耿, 董晓晔主编；2）
ISBN 978-7-5228-1481-0

Ⅰ.①嘉…　Ⅱ.①张…　Ⅲ.①砖-工业炉窑-文化-
嘉善县②瓦-工业炉窑-文化-嘉善县　Ⅳ.①TU522

中国国家版本馆CIP数据核字（2023）第033013号

窑火凝珍
嘉善砖瓦窑业历史文化的传承

主　　编 / 刘　耿　董晓晔
著　　者 / 张　宁

出 版 人 / 王利民
组稿编辑 / 邓泳红
责任编辑 / 王京美　吴　敏

出　　版 / 社会科学文献出版社
　　　　　　地址：北京市北三环中路甲29号院华龙大厦　邮编：100029
　　　　　　网址：www.ssap.com.cn
发　　行 / 社会科学文献出版社（010）59367028
印　　装 / 三河市东方印刷有限公司

规　　格 / 开　本：787mm×1092mm 1/16
　　　　　　印　张：7　字　数：75千字
版　　次 / 2023年3月第1版　2023年3月第1次印刷
书　　号 / ISBN 978-7-5228-1481-0
定　　价 / 268.00元（全七册）

读者服务电话：4008918866